LOCUS

LOCUS

catch

catch your eyes ; catch your heart ; catch your mind……

Der's Pet Union

那些被動物追著跑的日子

德叔寵物聯合國

德瑞克 著

黃永鑫 插畫

目録 *contents*

推 / 薦 / 序

　　第一次見到德瑞克是在醫院診間裡，當獸醫的我，只專注在了解動物的病況、與飼主討論診斷與治療方案上，只記得他頭髮鬈得很像影星裘德・洛。隨著一次又一次的門診，才開始對這名戴眼鏡、抱狗不費力的大男生有了更深的認識，也不小心成為了「德叔寵物聯合國」的頭號粉絲。

　　雖然擁有獸醫執照，但對於大多數獸醫師來說，進入職場之後能接觸到的動物種別會因為自己選擇的職涯方向而受限；身為犬貓獸醫師的我，上一次接觸到羊、照顧幼鳥，都已經是大學最後一年實習時的經歷，掐指一算已經是 N 年前（我不會輕易透漏年紀的）。也因此，無論是透過看診時偶爾小聊、或是書裡的記述，這些照顧不同動物的經驗，對現在的我反而是非常新奇有趣的聊天話題。同時，要照顧好不同種類的動物、又能讓他們同在一個屋簷下相處，老實說，真的是一件令人佩服也不容易的事。

　　與德瑞克從原本的獸醫師─飼主關係，慢慢地變成無話不談的朋友，某種程度上也是價值觀的互相體會；對我來說，獸醫師與飼主之間並不存在上下或高低的關係，許多飼主照顧寵物用心的程度，有時連我自己聽完心裡都會默默汗顏。飼主與獸醫師是站在同一陣線，一起討論如何幫助寵物的夥伴；甚至更廣泛一點講，寵物、飼主與獸醫師都在同一陣線，我們都試著讓彼此的生活更豐富美好，並且努力地在本就顛簸的人生／狗生／貓生／鴿生／羊生……（族繁不及備載）路上，試圖取得一個平衡。這是我們人生的功課，也是這些不說話的毛孩們帶給我們非常珍貴的人生教材。

如果你已經是德叔寵物聯合國的粉絲，恭喜你！你可以在這本書裡面，找到那些你已經很熟悉的聯合國成員們，享受他們的生命故事，了解他們從何而來、經歷過哪些事情，或是突破哪些生命關卡，才得以用可愛的姿態出現在你眼前。如果你是第一次認識德瑞克，當你翻開這本書，你可以純粹從一個愛動物的人的立場，聽聽他的人生故事，看看他如何面對不同的動物，以及在過程中得到哪些人生體悟；也許，這些體悟也會成為你生命當中的一把鑰匙，為你打開困頓許久的一道關卡。

身處臨床第一線工作，又是腫瘤科醫院的院長，面對許多癌症、年老的動物，老實說，能在診間遇見彼此，是一種緣分：能在我的治療下狀況好轉、穩定是一種；能在大家一起努力過後，笑著流淚揮手道別，也是一種。我相信，緣分會將良善的人事物湊在一起，有這個機會翻開這本書，正是一種緣分。藉由德瑞克，我重新認知到生命的重量與身為獸醫師的正向心態，期待你能在其中，透過德瑞克與動物們的故事，收穫到屬於你的人生鑰匙。

—— 泡泡動物醫院院長 徐子涵

在這裡，你將看到一個瘋狂的人類，他對動物們有著超乎想像的愛與熱忱，跟隨著他成長的軌跡，讓我們看看他到底是怎麼變成寵物富翁的。順道一提這兒的富翁……NoNo，不是指錢，只代表超多超多的寵物。

在這裡，你能看到所謂的動物共和國，何謂共和？當然就是各式各樣、長毛短毛爆多毛、天上飛的地上爬的水裡游的山裡跑的，不同種類的動物們，各有其特色和背後有趣的故事。

在這裡，你也將見識到他為了讓每種動物能健康開心的生活，是如何認真研究並親手打造專屬的環境給他的寵物孩子們，當然還有主人的辛酸血淚史……。

我就問，有哪一位飼主會因為要養鴨，希望給牠們良好的生活環境，就自己打造了一座水池給鴨子們玩；或是偶然救了在工廠被綁在鐵樓梯下瘦不拉機的肉羊歐蜜瑪，從國外網站買了一堆原文書籍閱讀，甚至搬了一個牧草圈、準備各種不同口感的草，就是為了讓羊兒們更開心，連自家花叢的花被羊兒嗑光光，他都沒有第二句話，就是再多種一點。

我這位朋友真是我見過最最最認真的飼主了，德叔的另外一半更是無限支持他！他對待自己很隨意，但我知道他們為了動物，絕對要求自己要做到最好和最棒的。

德叔不是訓練師，但卻可以把每一隻狗狗顧到最完美的狀態，每一隻狗的籠內訓練和狗狗們之間的互動都是良好的。請不要誤會我口

中的「訓練」，這並不是軍事化的要求狗狗坐下、趴下、等待，而是讓這些不同年紀和不同品種的狗狗可以好好和平相處、生活在一起，這才是養動物的最高境界！

在這個大家庭裡面，狗狗們和其他動物之間的互動達到一個最完美的和諧與平衡狀態，羊群和狗狗可以放在同一個空間相處不爭吵，他的獒犬是看到外人會搖尾巴迎接的，可想而知他的教育方針來自於滿滿的稱讚和滿足每個孩子的基本生活需求或甚至更多。

或許德叔的生活非常令人羨慕，但當你透過書籍了解到他背後努力和付出，真的不是一般人可以做到的。

藉著這本書，我也要不免俗的呼籲，飼養動物即使只是一隻小小的寵物龜或寵物鼠，真的都需要花很多時間、費用、空間和精力，絕不是因為自己一時興起就養了，然後沒空沒時間就隨意丟棄。飼養任何一種動物前都需要飼前教育，學會認識你要養的寵物、評估自己的能力，也必須和同住家人討論，不要隨意帶回又隨便棄養，真真正正的做到尊重生命。

德叔是我的瘋狂好朋友，也是一位尊重每一個小小生命的人類！Respect！

—— 國際犬貓行為訓練師 謝佳蕙

哈囉大家，我許伯啦！

感謝我激情四射的好朋友，德爺 aka 「德叔寵物聯合國」國王的邀請，讓我有機會可以先大家一步，一睹整本書的原稿件。

還記得與德爺的第一次見面，是去採訪侏儒山羊時，我在一片綠地中與留著一頭ＱＱ頭毛的神祕男子相見，看著他如數家珍地說著他為 Cooper 所精心打造的各種設施，講得興高采烈。

明明才初次相見，交談時我們卻熟悉地好像認識很久一樣，簡直就是我倆惺惺相惜情不自禁啊！

我心想德爺對他的心愛寵物羊實在是有夠呵護備至，我對我兒子都沒這麼好啊！（被揍）

後來漸漸熟悉了，走德爺家跟在走廚房一樣，我才得到了一個驚人發現：德爺不只是對寵物羊這麼好，而是對每一隻寵物都這麼好。

德爺在我認識的所有人當中，對動物的熱忱程度真的是排名數一數二的。即便飼養了超過十隻手都數不完的動物，卻能夠一個個都貼心呵護，簡直就是飼主界的神人！

常常有人問我，德爺跟這些動物們到底是怎麼相遇的？這其中又有著怎樣的故事？

老實說，我也想知道啊。

現在機會來了！這些事都將在本書當中被德爺給一一道出，想更了解德爺的人，千萬不能錯過這本書！

—— YouTuber 許伯

算一算認識德阿公應該有八年了，那時候主持的寵物節目錄影常常需要各種狗狗，所以動物園園長（?）德瑞克有來支援錄影。但我跟你們說，我完全不記得欸！我就是一個眼裡只有動物的人，德瑞克也是一位只看得到動物的動物癡，我敢說他當初一定也不記得主持人是誰啦（拖他下水）！真的是為了寫序，我才認真回想當初我們是怎麼認識的！

好的，既然這麼不熟，我是要寫什麼序啦！

這兩年多，因為我爸媽跟德瑞克領養了書裡可愛爆的虎寶虎妞，還有大吉大利也來到我家，成為了另類的一家人，這就是動物們牽起的一段美好至極的緣分！

大吉大利就是書中 Sweden 生的寶寶，所以我們都叫德瑞克是德阿公，是大吉大利的阿公。多虧吉利的福，我可以把德瑞克叫老！

德阿公就是一個為了動物而生的人啊！這是認識至今我的總結。而且要能夠做到這樣，你還需要有一個比你還瘋的太太以及小孩。是的，他們一家都愛動物成癡！如果某一天德阿公說他要蓋一座觀光動物園，我真的一點都不會驚訝的！說不定他已經開始著手找地了？

這本書裡面介紹到的孩子根本只是冰山一角，但很多是我們還來不及透過臉書粉專認識到的孩子，也是德阿公動物園很重要的起源，很開心能夠透過文字和照片認識牠們。

非常期待未來更多孩子各自的篇幅，那數量想必會是一套非常豐富又好笑的叢書吧！

—— 演員 邵庭

真正認識德叔是採訪的時候，在近距離的互動下，越看感覺越像歌手陳奕迅，在他身上有一種獨特的風格，不是唱歌喔，而是他對寵物的堅持跟熱情。

在訪談的過程中，才知道原來每一隻都是經過深思熟慮，做了很多功課才確定成為聯合國的一員。面對這麼一大群動物迎面而來的那一剎那，除了驚叫跟興奮及享受被環抱、團團圍住的心情外，另一個畫面是：要怎麼整理、洗澡、怎麼管理大家不吵架……等等的問題。但了解後，從德叔身上看到一套像是公司內部管理的時程表，以及可以按表操課的 SOP，例如狗狗各自在星期一、星期二、星期三……的洗澡排班表，還有洗澡的流程第一、第二、第三道……手續，樣樣都不能馬虎。因為每一隻都是寶貝，所有健康、安全都是扎扎實實建立落實到每個流程。這點我還是跟多年共事的人聊到，才知道原來德叔對寵物是這麼要求的人啊！

近二十年在寵物行業，我很少看到養這麼多隻、又這麼多物種的「飼主」。把德叔稱為飼主，又覺得他太專業了，專業到不像一般飼主，因為很多飼主是會偷懶的，功課不見得做到位；他反而像專家，但是專家又得是份工作才對，可是德叔不是，他是一直研究後再落實的狂熱者。

很理性、很用心、很堅持、很異類的德叔，興趣就是打造一個寵物聯合國，在這裡需要投入很多的精神跟資源，他樂此不疲。而在這國度裡，我看到的是充滿陽光跟活力的能量。他的這本書會讓我們知道，打造這個聯合國一路走來的過程，相信你也會被感動。

—— 頤和文化哈寵誌社長 **廖曉萍**

自 / 序

　　從小我就很喜歡小動物，甚至打算在家人不允許的情況下瞞著他們偷偷飼養；只可惜礙於當時自己的能力還不足，沒辦法照顧小動物。

　　長大後，漸漸地有能力可以飼養動物了，於是就圓夢般地越養越多。

　　最初，我只在個人臉書帳號分享我的飼養故事，但有些朋友認為我可以開一個粉絲專頁，把生活分享給更多喜歡而不能夠養育寵物的人們，這麼做不僅能療癒大家的心靈，同時也分享照顧動物的喜怒哀樂。他們這樣說，是因為沒有飼養經驗的人往往只想到可愛的一面，無法得知寵物們需要花費多少的心思來照顧。因此在大家的輪番勸說之下，有了「德叔寵物聯合國」這個粉絲專頁，利用寫日記的方式來記錄每天發生的事情。

　　絕大多數的人當然都是因為可愛美好的一面而踏入「德叔寵物聯合國」，但我也會盡量宣傳養寵物的真實面，畢竟飼養寵物並不是給口飯吃就解決了，同時還要面對不同食物對他們的影響、因材施教來符合不同個性的個體、甚至是不同毛質有不同的照顧方式……等，這些都是還沒有飼養經驗的人難以理解、或是沒有想過的問題，透過粉專，我想將這些知識都分享給大家。

　　回想起來，聯合國粉專已經成立兩年了，透過出書，如今終於有機會把聯合國建立前後的一些故事發分享給大家。這段期間，我重新翻閱那些飼養過的寵物照片、或是重新記錄發生過的點點滴滴，也算是補足那些粉專沒有說出來的話。

　　如果你想了解「德叔寵物聯合國」建立前的故事，以及沒有曝光過的一些寵物細節，一定要翻開本書，裡面有著年輕的我與聯合國內各種趣味故事，當然也還有我的各式飼養碎念，歡迎你一起來體驗我的寵物人生。

Chapter One

從零開始的聯合
國史前時代

我的心頭肉 Koby

從夢中 "" 的犬種開始吧！

在美國唸書的前幾年，是我少數沒有狗狗陪伴生活的日子。當時一個人獨自留學，總是希望生活中有狗狗可以陪伴。考慮到畢業後也要把狗狗帶回台灣，我決定從研究法規開始著手。經過查詢後得知，只要有狂犬病注射、並且按照台灣的法規就可以帶狗狗回家了。 好！既然是可行的，那就從我的夢中的犬種開始吧！

2002 年的秋天，我開始著手進行。小時候姑姑家養了一隻可利牧羊犬（Rough Collie）東東，加上喜歡《靈犬萊西》這部電影的關係，於是上網做了功課，也找到很不錯的培育者。所謂不錯的培育者，第一個條件就是犬舍並非隨時都有幼犬等待著你帶回家；次之是他們會挑選主人，當他們認為你有足夠的知識、有良好的飼養環境，覺得你是好主人，他們才會讓你把狗狗帶走。經過了他們一番審查通後，我終於預訂了一隻黑三色的可利牧羊犬，聖誕節時就能接回家。

🐾 多麼幸運茫茫狗海中遇見你

2002 年 11 月 30 日，我到朋友家去過感恩節。當假期結束後準備回學校的幾個小時前，我跟朋友提到：「我想去你們這裡的 petco（寵物店）逛一逛，而且聽說星期日都會有領養會。」

你們猜，後來跑去寵物店的我，在那裡看到了什麼？

當時 Koby 就呆呆地
坐在中央。

2003 年我與 Koby 的合照，這是他把
我眼鏡咬壞的其中一天，我是戴著會讓
眼睛很乾的隱形眼睛在與他強顏歡笑。

　　圍片裡有十幾隻小狗，玩的玩，睡的睡，發呆的發呆……
一開始我抱起了一隻長得很像狼犬的小母狗，但她是短毛的，
我會過敏，於是果斷放棄。

　　這時，朋友突然指著一隻坐在圍片正中央對著我們發呆的
小狗，這隻小狗非常可愛，而且是我喜歡的黑三色。我將小狗
抱起來摸啊摸的，突然間我發現，「肚子不平滑，他是男生！」

　　那時的我不想要養公狗，因為台灣家裡有一隻約克夏男孩，
家裡被他尿得一塌糊塗、無一倖免（之後我才知道，這是可以
透過訓練避免的行為）；但就在我決定放下他時，他的雙手緊
抱著我的雙手，怎麼放也放不掉。於是我改變心意帶他回家。

他就是我的 Koby。有了 Koby 之後，只好打電話去跟原本預定可利牧羊犬的培育者說抱歉。

一切都弄妥以後，我開著兩個半小時的車程回學校。為了行車安全，我不敢把 Koby 放在副駕駛座，只有一個小籠子把 Koby 關在裡面，放在後座。一路上我的耳朵除了「汪汪汪」和「嗡嗡嗡」以外，其他的聲音都聽不到。為何有嗡嗡嗡的聲音？因為 Koby 在密閉空間裡面大叫，導致我產生耳鳴。

在距離學校十分鐘車程時，他突然安靜下來，我轉頭一看，Koby 睡著了！這是一個多麼令人開心的消息啊！但我並沒有很開心，因為學校宿舍是不能養狗的，而我要在他好不容易睡著後把他吵醒……幸好兩個星期之後我就要搬到能養狗的地方，把他偷偷摸摸藏起來的時間不算太長。

玩水的 Koby，
看他多快樂。

我偷把 Koby 養在套房裡的時候，狂拍照留念！
66 看 Koby 那調皮的眼神。

🐾 搬去百年老房子

領養了 Koby 以後，我一直希望能夠搬到帶有庭院的房屋居住，讓 Koby 能夠在我上課時，可以去院子曬太陽、上廁所。在美國，通常都要租一整間房子才會附院子，而且租金並不便宜。

我到處地請朋友幫忙尋找類似的房子，無論距離學校多遠都沒有關係，只要環境適合，價格合理就都可以。後來透過至今都還保持聯繫的好朋友 Brody 介紹，我遇到了這世界上最好的房東 Mr. Ed Chlarson。

Ed 剛買了這間房子，尚未整理，聽到 Brody 說我在找房子，他表示如果我不介意是老房子，可以用月租 450 美元承租。在當時，這個價格能夠租到一間房子，還附帶院子、可以養狗、而且沒有室友，簡直堪稱完美！我當然毫不猶豫地租下來。Ed 甚至還把地毯全部換成新的，讓我住在裡面比較舒服。

不僅如此，Ed 知道我要養狗，必須要有圍牆，所以在我搬進去的當天，他和大約國小六年級的小兒子，兩人把柱子一根一根地敲打進土裡，接著架起網子當圍牆。甚至告訴我，若我要裝狗門，只要我買好，他就幫我裝。對於一個留學生來說，這是莫大的幫助，因為留學生手邊往往缺乏可以安裝的工具。

親切的鄰居阿公與奇妙的鬼故事

我和 Koby 很開心地搬進這間老屋，開始澆水種草、種花，把荒廢已久的院子整理成綠意盎然、適合狗狗奔跑的草地。畢竟好不容易有一個這麼好的環境，就要努力維護；這也能幫上房東 Ed 的忙，一年後我回台灣，這間房子會比較容易再租出去。

有一天，我的隔壁鄰居、一位年約 80 歲的阿公走過來跟我打招呼，親切地問候我名字。讓我印象深刻的是，他從口袋裡拿出了一本小筆記簿，把我的名字寫在上面，說：「年紀大了，很多時候都會忘記鄰居的名字，要寫下來。」接著他告訴我，房子旁邊這一排蘋果樹，如果結果，歡迎自行摘來吃。

但這些都不是讓我印象最深刻的談話。後來阿公跟我聊起天，告訴我：「1895 年的時候我媽媽在這間房子出生。」

（1895 年？哇塞！好有歷史的房子唷，好酷！）

「五年前，我姊姊在這間房子裡過世，之後他兒子便把房子租出去。但每次沒租多久就會換房客，流動率很高，最後就把房子賣給你房東了。」

天啊，這聽起來不是鬼故事嗎？阿公啊，你跟我講了這些以後，我每天回家的時候該怎麼面對？

事後回想，當初住在裡面確實有聽到一些聲音，但我都覺得還好，甚至會租鬼片回家看咧！（現在想起來覺得當初自己怎麼這麼大膽勒？）

不過我很喜歡這個環境，儘管整間屋子只有一個房間有暖氣，走到哪裡都要搬著一台小電暖爐跟著，地板也都歪歪斜斜的（畢竟有 100 年歷史了）；但這間房子對我來說充滿著許多回憶。離開美國多年，我兩次回去看這間房子，尤其是在 Koby 還有之後養的 Cedar 都過世了以後。房子依舊帶給我滿滿的回憶與感動。

　　這間房子因為沒有全室暖氣，水管管路也都埋在房屋底下，一到冬天就會因為水管結凍而破裂。當初 Ed 就跟我說，廚房的水一定要開得小小的、讓它流，才不會結凍，免得維修的時候得把廚房的地板整片撬起，非常麻煩。他為此還願意幫我負擔水費。

Koby 在房子外休息。

"" Cedar 生活在這間老屋的模樣，
看他多自在啊。

好房東真的很難得，Ed 每個星期都會開著他的貨車、載著除草機來幫我除草，而 Koby 和 Cedar 看到他，一副想把 Ed 給生吞活剝了的模樣，因為 Ed 對他們來說是入侵地盤的陌生人，所以又吠又想咬的，完全不允許 Ed 接近我們的院子。

最後我要搬離開這個家時，留下了很多大型家具和垃圾。一般來說，房客需要自己花錢請人處理清空；但是 Ed 願意讓我把這些東西留下來，他自己再來處理。

我回台灣以後，每年的聖誕節都會寄聖誕卡回去給 Ed。2011 年的年初，我收到房東太太的電子郵件，53 歲的 Ed 因為膝蓋動手術後病併發敗血症而離世了。

在這個環境優美、氣候乾燥的地方生活，對狗狗來說真的很幸福，耳朵從來不會髒，完全沒有壁蝨跳蚤，更不需要使用預防藥，但這些在台灣都一定得做預防。人生本來就是不同階段、不同環境，有不同的生活方式。珍惜當下最重要。

In Memory of Ed Chlarson.

第一隻澳牧 Cedar

被可愛與親人 99
的模樣給融化了

Cedar 小時候
古靈精怪的樣子。

　　2004 年，經過深思熟慮之後，我決定要養第二隻狗。當初考慮了幾個品種：1. 邊境牧羊犬、2. 澳洲牧羊犬、3. 伯恩山犬、4. 夏伊洛牧羊犬 (Shiloh Shepherd) 。第三跟第四個選項最後被我放棄，是因為他們實在太大隻了，我擔心之後要搬回台灣的運輸籠需要很大一個，甚至回台灣以後很難遛狗。

　　記得養 Koby 的前一年，我到朋友的租屋處去拜訪，在她們家的客廳看電視時，她的室友養了一隻澳洲牧羊犬叫 Blue，那是我第一次接觸到澳洲牧羊犬。Blue 從房間走出來，直接走上沙發，整隻狗毫不顧忌、一屁股地坐在我的大腿上，讓我抱著他看電視，還擋住了我的視線；但我整個人徹底被 Blue 的可愛與親人給融化了。因為如此，再加上 Koby 是澳洲牧羊犬混邊境牧羊犬，所以我跟澳牧又多了一層關係。

尋找澳牧犬舍的過程並不是太困難，在網路上就有很多資訊，最後我找到了在加州的一個犬舍。當時的我還不喜歡大理石色（Blue Merle），比較喜歡的是跟 Koby 一樣的黑三色。但一個好的培育者不會讓你有臨時挑選小狗的機會，因為他們都不是以「幼犬隨時在舍」的方式經營，通常都是有計畫性的培育，所以，很多小狗也都在出生前就被預訂了。如果不選擇大理石色的小狗，可能就要等到下半年或是明年。幾番考量之下，最後我還是選擇了大理石色的 Cedar。

　　雖然說大理石色不是我的首選，但是 Cedar 實在是太可愛了！我絲毫不後悔，而且這可是很多人的夢幻色。

　　Cedar 出生後三天，我就決定要買他，從那天開始，我幾乎是每天都會寄信給培育者，請她寄照片給我。現在回想起來我真是擾人啊！對一個天天看著小狗成長的人來說，小狗根本沒有很大的變化；但是未來的主人每天就是期待著 Outlook 發出的「新郵件」通知聲。

抱著小狗看電視，讓我徹底融化了。

不僅如此，正統的犬舍本來就不會讓你早早就將幼犬帶回家，通常都會讓小狗與兄弟姊妹、還有媽媽一起成長，直到十至十二周大，才會讓你帶走。因為這段期間，他們還是需要媽媽的母乳以及學習社交，狗媽媽會教導小狗們什麼樣的行為可以做、什麼不能做。因為母愛的關係，所以媽媽不會咬死自己的小孩；但如果太早離開媽媽，沒有接受過這樣教育的小狗，遇到外面的大狗，就非常有可能被咬受傷。而兄弟姊妹間的玩耍，雖然有時咬得很兇，但這個過程也讓他們學習到這樣的力度會造成別人不開心而生氣，所以會學到取得平衡點，這些學習過程都會影響到這隻小狗未來一輩子的社交能力和身心靈的健康。因此，就算小小狗有多可愛，為了他一輩子的好，我都還是會讓他與兄弟姊妹和媽媽一同成長到一定的年紀。

讓我決定養 Cedar 的照片之一，這是他出生兩天大時。
當初就是看著他的小黑眼圈。　　"

🐾 終於和我的 Cedar 見面

我永遠記得當 Cedar 在滿八周大的時候，培育者採用機場到機場的貨運方式讓他自己搭飛機前來。我要去機場接他的前一天，興奮到不行，完全無法入睡。

為了能夠在路程中能好好地抱著他，我請一位朋友同行，由他開車與我一同前往機場。距離我學校最近的機場車程也要一個半小時，當時我最好的朋友 Robert 正好住在機場附近，至今都還是很感謝他能夠把他家鑰匙借我，讓我自己帶著 Cedar 到他家休息，也讓 Cedar 能夠先放鬆玩一下再回學校去。

第一次親眼看到
Cedar，終於不
用再透過電子郵
件看照片了。

我與 Cedar 的第一張合照。
攝於機場附近的朋友家。

Cedar 很黏 Koby，
凡事都以他為主。

每隻狗狗都有自己的個性

Cedar 的個性與 Koby 截然不同，但當時的我對小狗有個迷思、或說誤解：我一直在等待 Cedar 長大，個性改變，就會像 Koby 一樣。現在的我能知道這個期望是不對的，每個個體都有著屬於他／她的個性，既然我選擇了他，我就應該要去接受他的性格，而不是期望哪一天他能夠變成我心目中的天使。

當時我心中認定 Koby 是一隻完美的狗，他一定能夠把 Cedar 也教得很完美，所以非常放心地讓他們兩個相依為命。

但是後來我發現這是個錯誤的飼養方式。因為 Cedar 凡事都以 Koby 為主，我呢，就是一個僕人。也就是說當我叫 Cedar 過來的時候，他是不理我的！如果要 Cedar 過來的話，我得先叫 Koby 過來，Cedar 才會跟著。

後來我想起了當初帶 Koby 去上課時，老師有說，如果家裡有兩隻狗狗，記得要分開教育訓練。體悟了這層道理後，情況才漸漸地好轉。

🐾 冰天雪地帶狗狗出門，根本考驗意志力

在我回台灣的前半年，搬到一間沒有院子的家，因為先前住的房子有太多我害怕的生物出沒（就是老鼠啦！我連寫這兩個字都會害怕啊），逼不得已的情況下才搬家。以往住在有院子的房屋時，他們兩個想要上廁所，會自己透過狗門外出；但現在只能定時帶他們出去。那段期間正是冰天雪地的冬日，而我住在美國比較北邊的州，冬天經常都是零下十幾度！尤其是半夜睡前和大清早要帶他們出門，都特別考驗意志力！我不喜歡狗狗們憋尿，所以每兩、三個小時就會帶他們外出一次……幸好這種日子只需要過半年。

除此之外，他們還有個可怕的習慣，一定要跑到積滿厚雪的草地、雪地如廁；而我就只好跟著踩進深達小腿肚的雪堆裡撿他們的「嗯嗯」。加上這兩位上廁所時習慣「各奔東西」，幾乎無法上牽繩。

現在回想起來當時真的很危險，德叔有練過的！各位讀者請千萬不要學啊！

來自加州沒有碰過雪的 Cedar，很幸運的在五月天還遇到一場雪，玩得不亦樂乎。

🐾 Cedar 竟然烙跑了！？

解放完該回家了吧，我快要冷死了！通常我只要叫他們兩個，他們會馬上跟進來。但是當時還未滿一歲的 Cedar 玩心重，偶爾會有一、兩次要叫特別久。

某一天，Cedar 不願意進家門，直接站在門口不進來。我想起了 Koby 三個月大時也是如此，也是在這種冰天雪地要冷死爸爸的時候。當時的我出了一個狠招，直接進屋裡把門關起來，Koby 很慌張地要回來，但是門已經閉上了……那次之後，Koby 只要聽到我叫他，一定馬上回家不敢再慢吞吞。

於是我就用同樣的方式對待 Cedar，把門關起來，在屋子裡叫他，再從貓眼看他在幹嘛？但當我趴在門上用貓眼看他是否很慌張時，換我自己嚇死了，因為 Cedar 沒有在門口啊！

我二話不說直接開門衝出去找他，出門以後，無論是往左看還是往右看都沒有 Cedar 的身影，這下該往哪邊找？最後我不管了，開始大叫：「Cedar！Cedar！」就是不見一個花花的大身子衝過來撞我。

三個月大時的 Koby 被我狠招嚇到的模樣。

回台灣前住的房子。

Cedar 的招牌笑臉。
想必他就是用這個表情尾隨陌生人返家。

　　當下我真的慌張到快死掉,我竟然把 Cedar 搞丟了!正當我在半夜十二點用力大喊著 Cedar 時,我聽到天上(其實是三樓啦)有人喊著:

　　「Sir! Are you looking for a dog?」(先生,你在找狗嗎?)

　　「Yes, a blue merle Australian Shepherd.」(是的,一隻大理石色的澳洲牧羊犬。)我回答他。

　　此時,我看到一隻笑臉大開的大花狗跟在人家身後,想進別人的家門。

　　那位先生告訴我,他在樓下遇到 Cedar,Cedar 就一路尾隨他上

三樓，還想要進到家裡去，「我還想說，這麼晚了要怎麼叫捕狗大隊來？」真是嚇死我了。更好笑的是，我在樓下一直叫 Cedar 的名字，要他下來，但他怎麼樣都不肯……我還要爬到三樓去把他拖下來。

這個故事就是狗狗們性格迥異的最佳證明；同時也證明了外出遛狗，無論時間長短，也不管平常能否叫得回來，都應該要上牽繩。

尤其是住在台灣的我們，沒有方圓五百里內無人車的條件，所以牽繩真的很重要。很多聽話、很黏主人的狗狗最後死於車禍，原因就是他們突然間受到驚嚇，衝到馬路上。突如其來的意外是我們無法控制的，因此不要冒險，保護他們是我們最重要的責任。

🐾 大藝術家 Cedar 變身藍色小精靈

Cedar 這小子最讓我印象深刻的就是替自己化妝。

還在美國唸書時，有陣子我有在創作油畫，並且有一個房間專門放油畫的工具和顏料。某天下課回家，我差點暈倒在門口……因為一開門就看到一隻藍色小精靈。

我當下第一個反應還是跑去拿相機，先幫他把這歷史性的一刻給拍下來。我心想，奇怪了，因為怕他們進去搗蛋的關係，那個房間的門我都一定會關起來，結果還是功虧一簣？！

就是這個藍色小精靈的模樣！我差點崩潰！

第二次換成以綠色為主，搭配黃紅黑……

Koby 的腳也都被弄髒了！

　　拍完照以後，我馬上跟寵物店預約洗澡，畢竟這是油畫顏料，所以需要用特殊的洗劑才能洗乾淨。五個小時後，Cedar 從「藍色」變成「微微藍」；但，你以為這樣就結束了嗎？後來的好幾天，他的排泄物都藍藍綠綠的，尤其在雪地上如廁時特別明顯……因為他咬顏料的時候也都吃進肚子裡了……現在回想起來都覺得有點可怕，畢竟顏料這麼化學的東西，也許有重金屬等有毒成分。

　　兩個星期後，我下課回家，又看到了不同顏色的小精靈！這下我確定他是真的會開喇叭鎖！而且這次顏色更精彩，從藍色系換成了綠色系，還懂得綠地就是要配上紅花點綴，還要加個黃花，還用了黑色加持一下對比度。

這次我看開了，馬上又打電話去預約洗澡，還帶上了 Koby……因為 Cedar 自己玩了顏料之後，還跑去鬧 Koby，所以 Koby 身上也都是顏料，看得出來就是被 Cedar 給抹上去的。

這次的排泄物就更加精采了，有紅有綠有黃有黑，撿便便的時候真是五味雜陳啊，很怕鄰居出來時看到這慘況！

因為是租屋，我無法把房東的門鎖給換掉，反正都快要搬回台灣了，我乾脆把油畫材料都賣掉或送人，免得 Cedar 又吃了顏料，很怕他吃進肚子裡最後造成肝腎中毒。

「你說什麼？
你把顏料都賣了？」

一人二狗三行李，美國回台記

按照計畫一起回台灣 ❞

帶著 Koby 跟 Cedar，準備要回台灣囉。

　　求學結束後，我最終選擇回到台灣發展，畢竟家人都在台灣，回到自己熟悉的環境與家人一起生活，才是最好的選擇。當然，Koby 和 Cedar 也就按照計畫一起跟著回台灣。

　　當時的檢疫法規和現在不同，不需要六個月狂犬病血清抗體檢測，所以我們在出發前一個月左右才開始辦理。在那之後的法規是：狗狗在美國打完狂犬病預防針後的 30 天，要做狂犬病血清抗體檢測，還要在當地等 180 天以上才可以回到台灣來。2022 年 4 月法規再度修改，只要在血清抗體檢驗過後 90 天就可以回到台灣。

　　不過，當時我最大的煩惱反而是回到台灣以後，要到中興大學去做三個星期的隔離檢疫（後來法規改成只要一個星期的隔離檢疫），因為我回國的時間正逢畢業潮，因此檢疫所的籠位都要提早申請。

🐾 起飛前，確認所有檢疫文件

只要檢疫文件上的日期或是晶片號碼有錯誤、或是核對不起來，入關就會是一個很恐怖的過程，很有可能狗狗會因此無法入境，而我完全無法承擔這樣的風險，他們就是我的生命。甚至出發前，我還做惡夢，萬一他們沒有順利入境反而被遣送回美國該怎麼辦？或是要被銷毀的話，那又該怎麼辦？所以每當我收到這些文件的時候，就會掃描起來寄電子郵件給「行政院農業委員會動植物防疫檢疫局新竹分局動物檢疫課」。

在這邊要超級感謝這個單位的所有長官們，從 2005 年到最近幾年，我陸陸續續從國外帶狗狗回來台灣，每次都會寄信請他們先幫我核對文件，而他們也非常有耐心地在幫助我。尤其是他們發現兩次的文件錯誤，讓我第一時間可以在美國當地更正，狗狗們才能順利進入台灣。

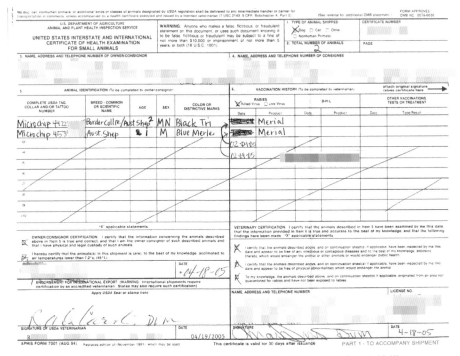

這個表格能看到塗改的地方，就是經過防檢局的協助才發現文件時間上填錯了。

🐾 感謝機場的好心工作人員

　　總算到了我們要回台灣的日子了，這趟旅程從離開美國到回台灣的家，總共會需要二十六個小時。首先我們要先開一個小時半到機場去，然後再飛將近三個小時到洛杉磯國際機場（LAX），到了洛杉磯國際機場後，要等轉機大約六個小時，然後再飛近十四個小時到桃園國際機場，最後，再搭將近兩個小時的車到台中。

　　原本的計畫是我爸媽會飛到美國來參加我的畢業典禮，但家人臨時生病需要緊急開刀，因此我的整個回台過程就只能獨自完成。當時我的行李有三箱，外加兩個背包，背包裡裝的是筆電、相機還有一堆狗狗的文件，包括在美國的就診病歷，全都背在身上，就是怕萬一入關不順利需要什麼文件時，隨時都能取得。

　　當我到了洛杉磯國際機場，領取了所有的行李（因為我有攜帶寵物，所以托運行李不能夠直接掛到台灣，轉機時需要全部都提領出來，接著將行李包括狗狗，全數掛下一班飛機）後，站在狗狗會被推出來的電梯前面等待他們。

　　當工作人員幫我把 Koby 與 Cedar 推出來時，他問我一句話：

　　「就你一個人嗎？」

　　「對。」我說。

　　「你下一個航班是國際線的，對嗎？」他繼續問。

　　「對，我知道很遠，但我想我可以推過去。」嘴巴上說歸說，但我心裡知道其實非常困難啊。

　　如果你有在洛杉磯國際機場轉機過，就可以理解我說的難處在哪兒了，從國內線走人行道到國際線，那趟路是我覺得最難走的，因為整個人行道都是人家上下車的通道，拖著、推著行李的人來來往往，洛杉磯機場又是

個超級大機場，所以要閃過這麼多人和行李有夠不容易。再加上國際線還要上樓去，對洛杉磯機場不熟悉的我來說，也不太知道電梯在哪裡。但我很幸運，遇到這位高瘦的非裔美國工作人員主動幫忙，「我幫你推過去吧，你就跟著我走。」一路上他用著他的通行證，嗶嗶嗶地開門走機場人員的通道，甚至是超大型的電梯也是，一路直送我到國際航廈，節省了超級多時間。我非常感謝他的幫忙，給了他20美元當小費，他很高興地直說謝謝；其實，我才是應該大力感謝他的人。

接下來也是痛苦的開始，因為我們還要等六個小時才會飛台灣，機場裡又不讓狗狗出運輸籠，而我不希望他們關在籠子裡面那麼久。所以我推著一大堆行李和兩個大籠子到機場外面坐著。

此時的我，連上廁所都不能去，因為沒有人會幫我看著 Koby 和 Cedar，以及我的一大堆的行李。而我只能等到好友 Esther 下班後塞車到機場來幫我。Esther 是我的大學同學，畢業後搬到洛杉磯去，好險當天她來陪我等了四個多小時，讓我有餘裕去上廁所、買東西吃。最後我們還在道別的時候哭了一場。

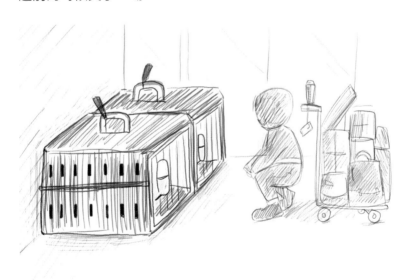

三箱行李 × 兩個背包 × Koby 與 Cedar，真的是返家十萬哩啊！

🐾 看到運輸籠，心中的大石才完全落下

在美國飛國內線時，我搭乘的是達美航空，起飛前機長親自到我的位子前遞了兩張紙條給我，讓我知道我的兩隻狗狗已被確認上機。

而最後這一趟美國直飛台北，則是讓我最感到緊張的一段航程，萬一有什麼意外導致狗狗沒有搭上這個航班，很有可能我人在台灣了，狗狗還在美國機場⋯⋯而且我又因為兵役問題，根本無法在當兵前再度出國。

登機後我就開始詢問空服員，希望他們能夠幫我確認狗狗上機了沒，但直到飛機起飛，也都還沒等到的消息。我知道空服員都很忙碌，只能祈禱 Koby 和 Cedar 是有跟著上飛機的。這忐忑的心情直到我回台灣入境後、領行李時，看見他們兩個的大籠子，才放下心中那塊巨石。

這段第一次接狗狗回台灣的經驗非常緊張，雖然之後又經歷了很多次，但直到服完兵役、可以自由出國後，這種緊張的心情才相對減少許多。

Welcome to Taiwan. 我親愛的 Koby 和 Cedar。

最讓人害怕的就是狗狗沒有一起上飛機，還好一切順利。

在台灣的 Koby 與 Cedar 🙴🙴

🐾 不得已的檢疫所人生

當我下飛機後一到檢疫所，看到這個情景，我都快哭出來了。

怎麼會是這麼冷冷冰冰的鐵籠？但至少有冷氣，我也算是安心了一下。

在我們離開美國時，學校那邊的溫度大約是 20 度上下，而五月的台灣，外面的溫度已經是 32 度了。當我看到冷氣開在 26 度的時候，馬上手動調到 16 度，接下來就要把 Koby 跟 Cedar 分別關進去他們從來沒有看過的鐵籠裡。

我還記得當下我馬上問我妹，台中哪裡有寵物店？我要去幫 Koby 和 Cedar 準備床墊，讓他們能夠在檢疫所睡得比較安穩。當時的我對台中的路很不熟悉，繞了好久，好不容易才買到狗床，趕緊送到檢疫所給他們。

按照法規，每天我只能去看他們一次，每次一個小時。隔天當我再去的時候，狗床竟然被拿出來了！我跑去問管理的醫生，他們解釋是為了方便整理所以拿出來。於是我又把床墊拿回去放在籠子裡。

我一進到他們的小房間，發現他們頭上那排小籠子關滿了紅貴賓，一整排大約有十幾隻，而冷氣被調在 29 度……我立刻又把冷氣調低，並且放他們倆出來上廁所。

當時的我還年輕，有話直說的個性讓我忍不住跑去問管理的醫生：「為何冷氣要開在 29 度？外面 32 度，裡面 29 度根本就是悶熱。」結果他回我：「因為那些紅貴賓是越南來的，會怕冷……」

最讓我心疼的是 Koby 完全不吃飯，當我去看他的時候，要一口一口餵他吃；唯一讓人安慰的是，幸好 Cedar 的個性貪吃，有吃的絕不放過。

最後 Cedar 因為太熱，只能一直把自己的胸口泡在水裡，導致白色的

當時的檢疫所房間還沒那麼完善，Koby 幾乎不吃東西、Cedar 則是因為太熱，把胸口泡在水裡，胸前與雙腳都染色了。

他們走出籠子唯一能夠活動和上廁所的地方，就只有被雨棚蓋得密不通風的磨石子地。

領圈和下巴都變成了照片上看到的鐵鏽色。當時我好心疼，心疼的不是白毛變成褐色，而是他們從不到 20 度的地方來，瞬間要在 29 度的地方生活；從睡在床上、沙發上變成睡在鐵籠裡；從乾燥涼爽有陽光綠地，到潮濕悶熱的磨石子地。

🐾 Koby 跟 Cedar 回家！

終於！人生中最煎熬的三個星期結束了，我去接他們回家的時候，真的覺得彷彿是去領了兩隻從收容所裡帶回來的狗狗：Koby 跟 Cedar 都臭到不行，白毛又黃又紅、身上充斥著奇怪的味道，並且兩隻狗的耳朵都遭受感染，經過半年的治療才擺脫爛耳朵。

有了這次的經驗後，如果再有狗狗要進來台灣，我們都會選擇其他環境比較好的檢疫所。之後就沒再發生過這些事了。

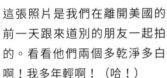
☙ Koby 跟 Cedar 的寫真集 ☙
快樂的台灣生活：出門玩耍，
以及狗狗的朋友們

這張照片是我們在離開美國的
前一天跟來道別的朋友一起拍
的。看看他們兩個多乾淨多白
啊！我多年輕啊！（哈！）

這天是我們第一次參加在台灣的
狗聚，而且是「黃金獵犬」的聚
會。Cedar 開心地坐在椅子上
等著我們抵達目的地。

台中都會公園。
年輕的德叔抱著 32 公斤的 Cedar。

49

兄弟倆在這麼炎熱的天氣仍然穿著那厚厚的毛衣。
Cedar 最厲害的技能就是咬嘴皮！哈哈哈。

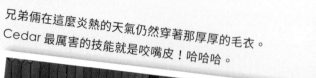

Koby 與 Cedar 在台中新社古堡。

在台灣，當然不能錯過跑合歡山！沒有拍到這個地標就難以證明上過武嶺！但這次是我把我們的車子排檔桿給扯斷的一次：車子完全只能停留在 D 檔，不能後退、也不能打停車檔。

第一次到台東去玩，當然要衝海邊啦！

跟著我們一起回台灣的還有這個 Koby 最愛的布飛盤，Cedar 就只是想要搶而已。

07/31/2005

🐾 Koby 的超級好朋友：Boo

　　Koby 小的時候有一位超級好朋友—— Boo，他是我在美國的好朋友養的。Boo 是一隻庇里牛斯山大白熊犬，在他兩個月大時，Koby 才六個月大，很多時候我們都會結伴一起出去玩。

　　回台灣的隔年，Boo 也跟隨他的主人 Robert、Ivonne 來到台灣生活，我們常常找狗狗也能去的地方同行，當時的我剛回到台灣，還沒有什麼朋友，有兩個超級好朋友也一起出現在台灣，又能夠結伴了，想到就覺得很開心！

　　Boo 長大後成為了一隻性格穩重的大白熊（廢話！他本來就是大白熊），不像 Koby 還有想要玩樂的心，所以跟 Koby 的互動也就是「哩賀」這樣。

　　照片中的毛孩們都已經上天堂了，寫書的同時看著老照片，雖然勾起回憶，記錄著過去的點點滴滴，但有時還是會感傷。

人類──德叔（誰沒有年輕過，不要笑）、Ivonne、Robert，我們是認識超過二十年的老朋友了。

毛孩──咪嚕（我妹養的柯基，2021 年過世）、Cedar、Koby、MJ（Ivonne 與 Robert 來台灣後才養的阿拉斯加犬），最後就是 Koby 的玩伴兼好朋友 Boo。

拍攝於台中新社古堡。

拍攝於苗栗飛牛牧場。

In Memory of

Cedar 2011.11.15 & Koby 2016.06.22

Boo 2011.04.05 & MJ 2015.08.07

咪嚕 2021.07.05

最可愛的香媽 Chantel：
我的第一隻比賽澳牧

**購買這條路
一點都不容易** "

2006 年的時候，雖然我有了 Cedar 這隻純種澳洲牧羊犬，但是一開始購買他的時候並未購買參賽資格的血統書。犬舍的培育者有權力決定這隻狗狗整體上是否夠資格可以參賽，如果條件夠，那我們就可以購買可參賽的血統書。在我接觸更多澳洲牧羊犬後，就一直很想要參加犬展，因此我想再從美國購買可以比賽的澳洲牧羊犬回台灣參賽。

當時社群媒體還不夠發達，我只能透過網路搜尋美國的澳牧培育者，看看哪一家的狗狗是我喜愛的，就開始踏上寫郵件詢問的道路。

這條路一點都不容易，說有多艱辛就有多艱辛，說有多無奈就有多無奈。

這是我第一次看到 Chantel 的照片。

🐾 吃狗肉！培育者對亞洲人的刻版印象

當時我寫了近一百封郵件到美國、加拿大、英國，最後連澳洲、紐西蘭都寫了，但是我心中排名第一的還是美國的培育者。這一百封裡面，我有收到大約十封左右的回信，而這十封幾乎都是讓人很心痛的內容。

「我的狗不會賣到亞洲國家去。」

「我不會把我的狗賣給會吃狗肉的國家。」

「我不賣狗到這麼遠的地方去。」

收到這些信雖然無奈、心寒、絕望，但我還是不放棄。

直到最後，我收到了 Cedar 的美國培育者來信，我們這些年來一直都有保持聯絡，她也知道我想找一隻比賽犬，只是那段時間她沒有適合的。信裡她說：「我目前有一隻八個月大的母狗，正在比賽中，也許過一陣子可以把她讓給你。」收到這封信的我當然相當

Chantel 的英姿 **"**

看到 Chantel 的第二張照片，
當下認定就是她了。

高興。按照我當時的審美觀與期待，我覺得雖然這隻澳牧不是我
最喜歡的模樣，但算是第二順位，可以接受：她的大白領不夠完
美，但是頭花夠開，位置還很正中央，算是漂亮。（以我現在的
觀點來說，從配色去挑選狗狗是最菜鳥、最不專業的角度，也不
是培育者培育的重點。）

　　由於台灣法規的關係，狗狗需要在打完狂犬病預防針的一個
月後才能夠做狂犬病血清抗體檢測，數值通過以後，還要等六個
月才能夠進口台灣。這段期間，培育者需要繼續照顧這隻狗狗，
但這也是大多數的培育者最不願意做的事情。通常都是你決定買
這隻狗狗以後，他們配合去幫你做狂犬病血清抗體檢測，而當他
們認定了狗狗賣給你以後，日後的開銷都要由你自己去承擔了。

　　另一個原因是他們決定要讓出這隻狗狗，就表示他們有更優
秀的選手要去培養，需要釋出空間和時間給新的選手，所以他們
不是很願意無償照顧檢疫需求的這半年。

　　但是 Chantel 的培育者提出了一個方案，如果我決定買她，
付了錢以後就可以開始做血清抗體檢測，六個月的這段期間他們
可以繼續帶她去比賽，不加收額外的費用（沒錯！大部分的犬舍

在這六個月的期間都是要以日計費，會是一筆超級大的額外開銷。2021 年的行情價大約是 30 美元／天）。

　　當我看到 Chantel 的第二張照片時，覺得她好美，愈來愈喜歡，也就決定是她了（不然也沒有其他人願意賣我比賽狗狗……）。在那個 Facebook 還不盛行的年代，不像現在可以透過社群平台知道狗狗近況，很多小狗賣到國外以後就等於完全斷了音訊，除非是買家願意主動傳送照片給賣家，不然連照片都看不到；也因此，很多人沒有真的認識台灣，甚至不知道台灣人是如何把狗狗當成自己的小孩照顧。

　　辦理文件的過程頗為複雜，我帶著既興奮又忐忑不安的心情開始準備要飛到美國去迎接我的新愛犬。當時我還在服兵役，計畫著一退伍就馬上出國帶 Chantel 回台灣，每天真的是度日如年！而這段期間，美國培育者曝光了 Chantel 即將定居台灣的消息，也出現了一些反對意見：這些聲音都是其他培育者跟她說，不要賣狗到台灣去，亞洲國家會吃狗……等負面話語。

　　在我抵達美國後，她當面跟我講了這個傳言，我只能一項一項解釋：今日的台灣已經不吃狗肉了，也將此視為違法行為，況且我照顧狗狗的方式她也都了解。遊說了一番，她才放下一顆不安的心。

🐾 飛到美國迎接 Chantel

2008 年 5 月，我帶著興奮的心情飛往美國，這也是自 2005 年離開美國後，第一次重新踏上這塊土地。去美國前，我上網聯絡一個協會，如果他們需要乘客幫忙帶送養的狗狗到美國，我可以幫忙。於是我就帶了一隻帥氣的杜賓狗去美國了。

到了美國以後，我租車一路直奔 Chantel 的家，這也是我第一次與 Cedar 跟 Chantel 的培育者見面。

一路上聽著 GPS 的指示，下了高速公路交流道，離目的地愈來愈接近……我看到照片中曾經出現過的那個大門，停好車，緊張地下車，此時也聽到狗狗們開始叫。我從院子的圍欄隱約地看到了一隻黑三色的澳牧對著我大聲吠，此時的我……傻了！

很多台灣浪浪無法在當地找到好家庭，因此不少協會都會幫狗狗尋找外國的新家。當他們被外國人挑中以後，就會需要有乘客當成是自己的託運行李名額，這樣狗狗就可以順利地飛到目的地去，減少新主人自己飛來台灣接狗狗的過程。這樣不僅能省下一些費用與時間，也能提高領養率。

仔細看才發現 Chantel 有雀斑臉，但其實一點都不影響她的美。

🐾 照騙？這個雀斑臉是我要帶回台灣的狗狗？

這隻是我要帶回家的 Chantel 嗎？怎麼……臉上這麼花啦！雀斑也太多了吧！我從照片上看到那個很白鼻心的 Chantel 呢？我帶著疑惑的心情去敲門，迎面而來的是 Cedar 跟 Chantel 培育者熱情的擁抱，但其實我心裡還是想著那個雀斑臉！

說歸說，但我很快地接受了她的雀斑臉，那是一個改變不了的事實；而且除了這點之外，Chantel 整體都是很漂亮的。但緊接而來的是我發現 Chantel 有點髒髒的，「妳的腳也太髒了吧！我等一下怎麼帶妳去飯店啊？」沒想到培育者說 Chantel 才剛洗過澡而已，不需要再洗了。潔癖發作的我，後來還是帶她去寵物店的自助洗，再幫她洗了一次澡。

接 Chantel 回到可以帶狗入住的汽車旅館後，隔天才是一切複雜的開始：我要先帶 Chantel 到事先預約好的動物醫院做健康檢查、請獸醫師開

照片左邊的是 Wrangler，他是 Cedar 的爸爸，
在我前面的是 Chantel。

這位小女孩是 Chantel 的好朋友，培育者的小女
兒。這張照片是為了紀念這位小女孩，2021 年她
剛過完 23 歲生日時發生意外身亡。In Memory of
Sahara.

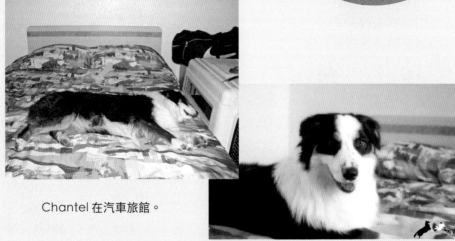

Chantel 在汽車旅館。

立健康診斷證明書，然後再帶 Chantel 回到旅館，獨自拿著健康診斷證明書去 USDA（United States Department of Agriculture，美國農業部）蓋官印，一定要有這個官印才能夠入境台灣。

為求謹慎，我將這些要入境用的文件拍照留存，以電子郵件先傳給台灣的動植物防疫檢疫所做最終的確認。因為只要晶片的一個數字錯了，或是施打日期寫錯等小疏失，都會造成嚴重的後果。最嚴重當然就是動物被撲殺、退回美國、或是延長檢疫。在帶 Koby、Cedar 回來台灣之前，我就曾經發生過打針日期不符合的狀況，好險台灣檢疫官在我們離開美國以前就發現錯誤，讓我來得及更正。

🐾 和 Chantel 一起在加州走走

在我們離開北加州前往南加州之前，當然就是先帶著 Chantel 再遊覽一下她的故鄉北加州。其實北加州也是我最喜歡的地方，充滿著藝術氣息。而且一定要跟金門大橋合影的啦！

由於我是買從台北直飛南加州洛杉磯的來回機票，加上當時氣溫的關係，狗狗無法上國內線的飛機，於是我決定花約六個半小時開車從北加州到南加州。沒想到我們遇到了塞車，為了讓 Chantel 能下車上廁所加散步，實際上花了七個多小時才到南加州。

我租的這輛車子比較小，而我要去機場的時候必須換一輛比較大的車子，可以讓我把在飯店就組裝好的運輸籠直接搬上車，所以到南加州時，我需要再另外租車。

南加州的飯店離我朋友家比較近，於是我請來朋友幫我照顧一下 Chantel，讓我去辦正事。但飯店到機場要四十五分鐘的車程，我整個超艱難地先路過了機場（無法換車，因為不讓帶狗），繼續開四十五分鐘把

這裡的風景很美，但是我跟 Chantel 才剛相處不久，不敢放掉繩子幫她拍照，而且她應該也不習慣這種留在原地不動的拍照模式，因此我們的照片就都只有這種風格⋯⋯
一個人旅行又要帶著還沒混熟的狗狗，真的是不容易啊。

九個多小時的車程！
當時已經覺得很漫長了，
沒想到未來還有更漫長的……

狗狗帶到飯店去，再開四十五分鐘回機場去換車，換好車以後再回到飯店去，終於結束了我整趟路程。這一趟整整花了我九個多小時！

　　到了南加州，幾個重要景點當然也不能錯過囉！但是我都是以人不多的地方為優先。主要還是要避免容易緊張的 Chantel 會因為太多陌生人在身邊而更感焦慮。

　　一個人旅行帶著狗，最不方便的還是上廁所。我幾乎是從出門到回飯店這段期間都沒有如廁，除非遇到可以帶狗一起進去的公園。

　　某天，我們到了一間咖啡廳的戶外區，我超級渴、也超級想要上廁所，當我快要忍不住的時候，決定把 Chantel 綁在戶外區的桌子下面，準備用最快的速度衝進去買一杯咖啡。此時有位坐輪椅的太太過來跟我聊天，她說：「我在這裡幫你看一下她，你可以進去買咖啡，沒有問題的。」就這樣，我終於順利地完成買咖啡跟上廁所的任務。

還好有陌生人伸出援手，我 **"**
才能夠去上廁所、買咖啡，
舒緩一下。

直到今天，每當想起這個經驗都還是覺得很傻，但當時的經費有限，也只能如此。

　　回台灣的當天，飯店要在早上 11 點退房，而我們的班機是當天接近半夜，因為有帶狗、還要還車、並且需要提早到機場去做安檢和辦理狗狗檢疫的事項，我預估下午 5 點左右要離開飯店，但我不想因此多付一天的飯店費用，所以 11 點退房後，我就帶著 Chantel 到處晃晃，最後來到了一個公園，我們躺在草地上聽音樂，度過漫長的下午。

　　用「漫長」這個詞不是我開玩笑的唷，這六個小時真的不是普通長，而是非‧常‧漫‧長！況且哪裡也不能去，最後只好打電話給朋友，找他來公園陪我們聊天。

　　但我沒想到是，抵達機場後才是一連串惡夢的開始。最初我牽著 Chantel，推著她的大運輸籠和我的行李進到了洛杉磯國際機場沒多久，機場人員就跑來跟我說：「除了服務犬，其餘的狗都不能落地。」直到現在我還是很懷疑這句話，因為這麼多年來，我看到在美國機場裡多得是狗狗在地上走動；但既然機場人員都這樣說了，我也只能照辦。所以我找了一個角落，坐在地上看書，Chantel 就趴在我腳邊，看著機場裡人來人往，只差沒有放個讓人投錢的帽子。

沒放個帽子讓人樂捐真是失策啊！
……當然是開玩笑的。

撂英文吵架才是王道！

等到航空公司廣播可以開始掛行李的時候，我決定要先去排隊掛行李，因為狗不能落地，所以我抱著當時有 20 公斤的 Chantel，拖著兩個行李到櫃檯前排隊。當我走到第一個櫃台，排了一陣子後，A 地勤人員跟我說：「你要到最後一個櫃台去排隊。」於是我走到他指定的櫃台去排。我在那裡大約排了 30 分鐘，整個過程，Chantel 都是被我抱著的。30 分鐘過去了，突然又跑來一位 B 地勤跟我說：「你怎麼會排這裡呢？你是特殊需求，可以去排第一個櫃台。」

於是，我帶著十分不爽的心情走到了第一個櫃台。

「你怎麼又回來這裡？你要在最後一個櫃台排隊。」A 地勤說。

此時的我直接露出本性，大聲地對著 A 地勤說：「我原先在這裡排隊，你叫我去最後面，等我足足排了半個小時後，其他地勤跟我說因為我有帶狗，是特殊情況，可以到第一排。你現在又要叫我去後面排隊，你是看我抱著一隻狗故意整我的嗎？我到底要在哪裡排隊，請你去問清楚再來跟我講。」

吵完架後，我就被地勤人員帶到第一個櫃台直接幫我辦理掛放行李。所以，用英文吵架真的很方便，小朋友們要好好學英文喔（笑）。

沒有行李在身邊就輕鬆多了，我繼續抱著 Chantel 回到機場的角落等待。根據航空公司的規定，狗狗可以在飛機起飛前一個小時登機，當然也可以在登機前三個小時就登機；但是接下來要飛長達十三個小時，還要加上去檢疫所隔離檢疫，這表示 Chantel 有很長的時間都要待在籠子裡，所以我寧願先在機場角落陪她，上飛機前，我還可以再帶她到機場外面走走或是上廁所。

這一趟下來真的超折磨的，一上飛機，我馬上睡死了。

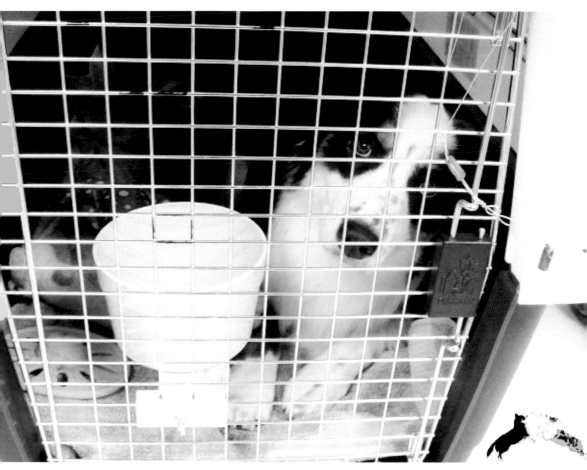

Chantel 就這樣在籠內參與了整個機場行。

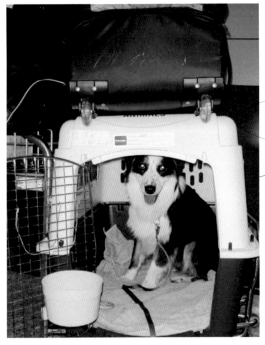

幸好台灣檢疫官願意讓 Chantel 出籠子走一走，不然怕她整個行程要憋壞了。

🐾 充滿溫暖的隔離生活

抵達台灣以後，忐忑的心情在看到 Chantel 之前都還是存在的，因為我得先領完自己的行李，再去航空公司的櫃台等待地勤人員把 Chantel 推出來，再戰戰兢兢地推著她到防疫檢疫局的櫃台辦理合法入境。整個過程中，所有的原始紙本檔案都是很重要的，尤其是蓋著 USDA 鋼印的那份文件。

從國外帶狗狗進來台灣這麼多次，至今我仍然非常感謝行政院農業委員會動植物防疫檢疫局新竹分局的動物檢疫課，他們是我見過最熱情、最親切的公職單位，從 2005 年到 2021 年這段期間，所有在這個單位服務的長官們，我由衷地感謝你們所做的一切。

在辦理檢疫文件的時候，檢疫官允許讓 Chantel 出籠子走一走，上個廁所、喝水，因為等文件辦好以後她又要再回到這個小籠子裡，而且要上鉛條一直到檢疫所為止。

這次我選擇的是台灣大學的檢疫所，之前朋友的狗狗在這裡檢疫，我覺得環境比 Koby、Cedar 當初回來台灣的時候好上許多，雖然檢疫期間我能從台中到台北來看她的次數不多，但我認為好的居住環境，勝過我一天不到一小時的探視。

Chantel 將在這裡待上 21 天，也就是說 21 天的監獄生活以後就可以回家囉！但是，誰說每次隔離都是在坐監？

Chantel 的乖巧受到了這裡的獸醫師喜愛，三個星期後，我要去接 Chantel 出關回家時，好幾位醫生都來跟她道別，甚至有醫生親自送 Chantel 上車，這些溫暖都是她一生中的小確幸，謝謝當初這些醫生，真希望知道你們是誰。

2017 年，Chantel 被診斷出有惡性腫瘤，手術過後，她過了一年開心快樂可以奔跑的日子，最後仍然因為癌細胞擴散而過世。2018 年 10 月 26 日，Chantel 離開了我們。

In Memory of Chantel.

這次的隔離環境理想又遇到溫暖的人們，Chantel 度過了不錯的檢疫隔離時光。

Chantel 與 Lakaraw，我們的第一隻高山犬。

Tristan 與 Chantel。

Chantel 過世當天與我最後的合照。

Chapter Two

寵物聯合國全明星攻略

怕人的小公主 Ivory

> 讓她自在生活
> 是我最大的目標 "

　　大家一定不知道，我從以前就很喜歡㹴犬，尤其他們臉上和身上那些看似亂亂的毛，不會太多、也不會太少，就是恰如其分。我知道這是一個很難懂的標準，但若你也有養㹴犬，應該會懂我在說什麼吧！除了㹴犬之外，我還有一個對於花色的喜好──那就是白底虎斑！這種花色非常像澳洲牧羊犬的大理石花紋色，台灣犬也有這種顏色唷。

　　所以，你發現了嗎，Ivory 剛好集結了全部。

🐾 一言不合就哈氣！

　　2018 年 11 月底時，我在 Facebook 上面看到一張照片和一支影片，當時我內心就知道是 Ivory 了！因為她完全正中我心裡所有喜好，實在是太美了。於是我趕緊聯絡當初救援她的愛媽曹姊，也得到曹姊的認可收養她。

　　11 月 26 日，我們開車到桃園去接 Ivory。聽愛媽說，Ivory 非常怕人，這是因為 Ivory 一家沒有見過人類，當初被

愛媽帶出來的除了 Ivory 以外，還有另外六隻兄弟姊妹，也就是從愛媽發現他們的六個月來，他們第一次見到人。對人類的首次經驗就是被迫放在誘捕籠裡帶走，他們會害怕也是很合理的。

最後是醫生幫我套上頭套，用毛巾包住 Ivory，在她狂低吼的情況下從籠子裡面抱出來，放進我的運輸籠。費盡一番千辛萬苦，我們總算能帶她回家了。

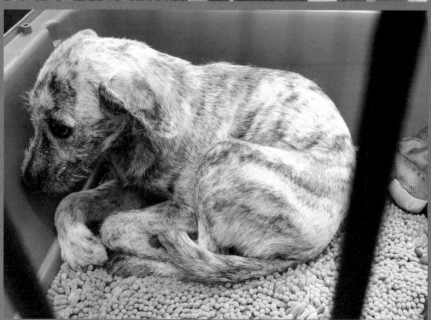

Ivory 一家沒有見過陌生人，"
相當警戒害怕。

🐾 只要她能快樂，想怎麼過都可以

回到家，我們把運輸籠的上蓋打開，一如預測，膽小 Ivory 完全不肯出運輸籠，於是我們維持開蓋的狀態，等她自己慢慢習慣走出來。光是這個過程就花了快一個星期。

雖然我跟 Ivory 天天都會見面，每天也都是我餵她吃飯，但她只要看到人都還是會縮在角落，直到我們離開，她才願意出來。有一度我甚至要把飼料撒在她的墊子上，她才肯吃。

我希望 Ivory 能夠用最輕鬆的方式來適應新生活，所以完全沒打算要強迫她，甚至就算摸不到她也沒關係，反正我們有的是時間！而且，如果她真的一輩子都是這樣也不打緊，我們只希望她能在這裡輕鬆生活，沒有壓力、自在一點就好。

過了自閉的三個月，Ivory 總算放鬆了一些，願意在自己的房間玩玩具。雖然所費時間不少，但看到她開心的模樣，我覺得這個等待真是太值得了。

六個月以後，Ivory 總算願意在草地上自由活動。不過，這不代表我們就能摸到 Ivory 唷，離這步還早呢！

就算摸不到她，
但這個階段對我們來說已經心滿意足了。

當然這三個月的期間是沒有洗澡的啦！
哈哈哈哈。

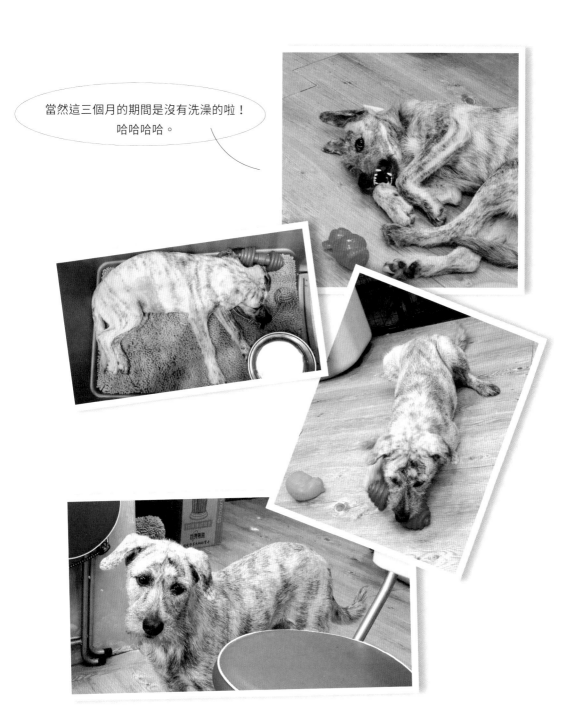

幸好有 Mako 在，Ivory 逐漸融入群體生活。

🐾 派出最強公關 Mako，開啟社交模式

　　不只對人類，Ivory 對狗狗也非常不友善，每次遇到別的狗狗一定會露牙齒嚇唬對方。後來我們派了澳洲牧羊犬男孩 Mako 來做公關。Mako 是一隻個性非常好的男生，平常就會跟狗狗們保持距離，也不會主動兇其他狗狗，所以不會給 Ivory 壓迫感；重點是，Mako 就算被兇了也不會反擊。這就是一個最佳的公關人選。

　　派出最強男公關這招堪稱收效神速，Ivory 在與 Mako 近距離相處幾個星期後，就可以跟其他狗狗處得非常好了。Mako 讓 Ivory 了解到，其實不需要有這麼強大的敵意，大家都是一家人，只是想要跟妳當好朋友而已啦。

🐾 比土撥鼠還強的挖洞功力

　　某一天，我在草地上發現了一條大洞！我的媽呀！請問妳是要挖壕溝嗎？還是要挖地道去哪？有夠深的啦！果然 Ivory 深具㹴犬尋找獵物挖洞的天性啊！

　　當然我們只能把洞補一補，繼續過生活（笑）。但自從我們養了 Ivory 之後，都會移出一個小空間來種草皮，Ivory 挖洞、我們就補洞，再把草皮種回去。

Ivory 與她的戰績！

爸爸我終於能摸到 Ivory，
還不紀念一下。

兩年後，我們總算能夠順利地
幫 Ivory 洗澡了！非常謝謝經
驗老道的美容師永慧，不怕死
地幫 Ivory 洗澡。整個過程中，
時 不 時 看 到 Ivory 對 她 露 牙
齒，我都超怕會發生命案……
但永慧說她們做寵物美容其實
已經接觸過很多比 Ivory 更兇
狠的狗狗了，她知道 Ivory 是
虛張聲勢做做樣子的。

🐾 可怕的胃扭轉！帶 Ivory 上醫院

　　2019 年 8 月 21 日中午，我們覺得 Ivory 看起來精神不佳，似乎想吐的樣子。原本以為是咬壞玩具吃進去所以造成反胃，但後來擔心是吃太多造成腸阻塞，因此決定還是就醫比較保險。只是，這將會是個大工程！因為 Ivory 不親人，我們很難保證她不會咬人。由於 Ivory 已經很不舒服了，因此要將她關進運輸籠裡面相對容易很多。

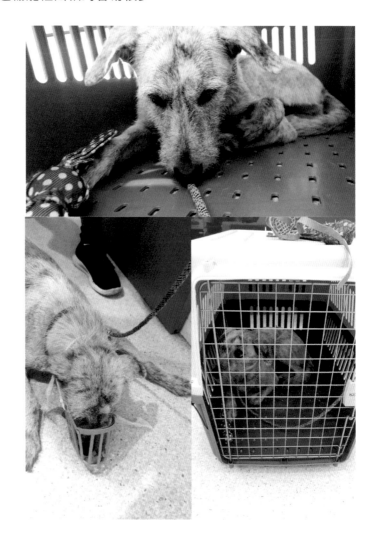

到了醫院以後，醫生熟練地帶她進去拍 X 光，而我們就在候診室等待。結果 X 光出來的是胃扭轉！聽到這個，我們差點嚇死。

胃扭轉是犬胃擴張扭轉（Gastric dilatation volvulus, GDV）的縮寫，白話來說就是：胃是由兩條橡皮筋拉著，一條是進去，另一條是出去，當胃這個氣球突然翻轉了一圈，會導致這兩條橡皮筋鎖死，也就是說胃裡面的東西，出也出不去、進也進不來，還會阻擋血液流通。只要發生胃扭轉，不僅是疼痛而已，嚴重時還會危及生命。

胃扭轉有幾個發生原因，其中一個是在飯後激烈跑跳、運動，因此我們絕對不會讓狗狗在飯後玩耍，更禁止他們奔跑。那麼 Ivory 的胃扭轉到底是怎麼發生的……？

由於胃扭轉需要做緊急手術，在此之前，醫生需要先幫 Ivory 放氣，把胃裡面的氣體抽出來，這個過程就花了一個小時慢慢抽出氣體。好消息是，抽完氣體後，Ivory 的胃就自己轉回來了。

一般來說，胃扭轉的死亡率是 40%，如果翻轉超過半天，死亡率可能高達 80%，而我們根本不知道 Ivory 翻轉多久了。醫生提到，或許 Ivory 的胃並沒有翻轉到 360 度，所以放氣後可以自己轉回。

後來得知「四腳朝天」滾草地，也是容易造成胃扭轉的原因之一，而這是 Ivory 最愛的動作。

　　但是，血檢結果顯示 Ivory 的身體還是有受到影響，需要住院吊點滴一個星期。接下來的七天都還是高危險期，並且很有可能併發細菌感染或是敗血症。除此之外，等她身體恢復後，醫院也會進行胃固定手術，避免再度胃扭轉。簡單來說，胃固定手術就是將胃與腹壁固定縫合，避免日後再度胃脹氣扭轉，這個手術可以用內視鏡做微創手術，而且因為胃扭轉的死亡率很高，因此只要心有餘力，鼓勵大家先幫狗狗做預防性的手術，不要等到發生了才開刀。

　　接下來七天的醫藥費很恐怖，胃固定的手術費用更驚人，但是，當我們養了她以後，這些就是我們的責任，我們的目的就是要好好照顧她，生病花再多的錢，只要是可以救她一命，就是我們需要承擔的。

我們也利用 Ivory 去住院的期間，
把她在小天地挖開的草地重新種回去。 "

🐾 出院返家！重回跑跳人生

9 月 7 日，Ivory 健康出院回家了！

歷經胃扭轉的恐怖事件，Ivory 在我們固定就醫的動物醫院
細心呵護下，解決了胃扭轉的問題，也做了胃固定手術，以後
就不用擔心了。

一回到家，這位小女孩馬上跑去草地上廁所，趴在草地上
享受，還拿了玩具玩耍！

或許是有了共患難的經驗，也有可能是感覺到人類的善意，
出院後的 Ivory 個性變得更容易親近人了。雖然一開始都還是
會躲人，但只要混熟，她也會主動靠近。現在的 Ivory，看起來
自在多了，有符合我們當初希望她能放輕鬆的目標，希望 Ivory
之後也能過著她的挖洞快樂人生！

BOX

🐾 胃扭轉的特徵：

1. 想吐但是吐不出東西
2. 流口水、吐白沫
3. 虛弱、無力、焦躁不安
4. 呼吸困難、喘氣
5. 肚子明顯脹大、有拱背的動作
6. 肚子疼痛

🐾 如何預防胃扭轉：

1. 不要讓狗狗們狼吞虎嚥，可以用慢食碗，讓他們吃飯時放慢速度
2. 飯前飯後半小時到一小時，都要避免激烈運動
3. 少量多餐，一天兩餐至三餐
4. 飯後以及運動過後，不要大量飲水

溫柔的大哥哥藏獒 Diesel

當你要養一隻毛怪，
記得先鍛鍊你梳毛的手臂

在我的飼養名單中，以前是沒有獒犬的，畢竟聽到的都是負面報導比較多，但自從 2017 年初因緣際會下認識了 Diesel 的培育者「輝哥」以後，我才開始認為自己「可以」。輝哥所培育的西藏獒犬在台灣的賽場上可以說是數一數二的有名，不僅是外觀，就連個性脾氣也非常優良，實際相處過後，我覺得藏獒是可以考慮的犬種。

後來我們與輝哥聯絡，我跟輝哥說：「我不需要一隻能夠上賽場的小狗，未來作為寵物犬就可以了。」就這樣，經過一段時間的等待，輝哥認為還是小狗的 Diesel 不錯，體型結構很好，個性上也很適合我們。一般來說，我很相信並尊重培育者，只要他們說哪一隻小狗適合，通常都是就決定是他。就這樣，Diesel 與我們結下了緣分。

等到 Diesel 滿八周，已經是可以被接回家的年紀時，我們一行人浩浩蕩蕩，抱持著興奮的心情到了輝哥家。我永遠記得當我們抵達時，只見上面有一整排的活動空間，一群獒犬正在對我們吠叫，而地上沒有任何一隻獒犬。用現在的流行語來說，就是「當時的我們害怕極了」，因為你永遠不知道哪裡會突然跑出一隻掙脫了、或者沒有被拴住的獒犬。當時輝哥還沒走出來，而獒犬地域性極強，我們沒有人敢下車；直到輝哥說現場很安全，我們這群膽小鬼才敢開車門。

小時候的 Diesel　**"**
超級可愛。

在抵達輝哥的犬舍前，我從來沒有機會親眼看過一整胎的小獒犬。這一群毛茸茸的小狗真的讓我非常興奮，更慶幸的是我會帶一隻回家！做了功課以後，我知道在 Diesel 的成長期中有很多事情要做，包含了社會化、洗澡、吹毛梳毛……等，並且大多都要用並行的方式進行。

🐾 梳毛是與狗狗培養默契的時刻

Diesel 是長毛狗，體型又很大，我相信長大後他會需要花很多時間在洗澡、吹毛、甚至梳毛上，所以從小我就會訓練他躺下來睡覺，讓我幫他梳毛。整個過程千萬不要用強迫的方式，因為只要他覺得這樣很恐怖，那麼未來將不再願意這麼做了。

梳毛訓練如何進行呢？我會把他放在桌子上，輕輕地摸他，接著拿起梳子假裝在他身上梳毛；這個時期不要求真的梳，只要讓他知道「放輕鬆」就好了。重複上述動作，輕聲細語地鼓勵他，要注意你的聲音不要太興奮，不然會刺激他想跟你「玩」。

梳著梳著就睡著了。梳毛也是很重要的培育感情過程唷。

沒多久，他就會從站著到坐著、坐著到趴著、趴著到躺下、清醒到迷濛、迷濛到沉睡打呼……。

每天幾分鐘的梳毛，其實是在培養人與狗狗之間的感情，所以後來 Diesel 只要一上桌，梳子一拿出來，他很快就會躺平睡覺，任由我幫他又梳又吹毛的。

由於 Diesel 毛的厚度與長度，如果沒有每個星期洗澡，容易會有口水味，皮膚也會悶出濕疹，下一次洗澡時，我們就得花雙倍的時間去整理，因此對於每個星期都需要洗澡的 Diesel 來說，培養這個習慣很重要。並且，放任狗狗的毛髮打結，悶到皮膚病，對他們是一種很大的折磨，所以要為一輩子的梳毛、洗澡、吹毛打下一個基礎。

🐾 藏獒出巡怕爆？他也能做到人見人愛

養藏獒除了毛髮問題，最重要的就是不要錯過社會化的黃金時期。很多人都有個迷思：「我今天養的是藏獒，怎麼能夠親人，應該要會咬人才對啊！要兇！要猛！所以要關在家裡不能跟外人接觸。」我想這樣的觀念對於現今的社會以及台灣的人口密度來說，都是需要被摒除的。

除了關在家裡對狗狗來說很不公平外，被咬的人大多數都是無辜的訪客、或是你的親朋好友，甚至是你親密的家人，也有少數案例是狗狗因為主人需要他兇猛，而造成了咬主人的結果。上述這些情況都僅有一線之隔。因此，在我決定要飼養獒犬的時候，我選擇了觀念正確的培育者，把優秀的個性也納入培育的目標中。養一隻「見一個（人）愛一個（人）」的藏獒，是我的目標。

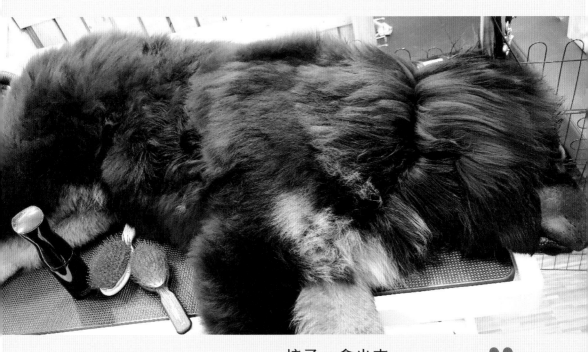

梳子一拿出來，
Diesel 很快就會躺平睡覺 "

🐾 幫助 Diesel 社會化

　　社會化（Socialization）的意思就是讓幼年時期的狗狗在安全的情況下，多接觸不同的人事物，使他們覺得這是一個很正常的現象，不需要過分的敵意或是害怕。但是，訓練社會化千萬「不要」用洪水療法（洪水療法是指讓個案面對令他害怕的事物，透過長期的刺激，以減緩過度緊張），當要進行社會化的訓練時，我會盡可能挑選過環境，尤其禁止到狗公園去；與人的接觸也要小心，需要找「能夠控制的人類」，主要是避免嚇到狗狗，如果被嚇到了，以後可能就會成為一隻攻擊犬。

　　身為主人的你，千萬不要不好意思拒絕失控的路人。因為你的不好意思會導致狗狗的社會化得到反效果。我都會去找對狗狗有興趣又冷靜的路人，請他們幫我摸摸小狗，或是自備零食請路人幫我餵他吃。請注意，下面這張照片並不是一開始的社會化訓練，不是所有的狗狗都喜歡被抓腳或是被搓揉頭部，所以要盡量避免這樣的行為。

跟 Diesel 握手。這時候 Diesel 已經經過社會化訓練了；如果還跟狗狗很陌生，千萬不要輕易嘗試。

🐾 當狗狗與小朋友同在一起

我兒子在很小的時候就跟狗狗一起生活，當然只要是小孩，成長過程中就避免不了「尖叫」這種恐怖的行為，只是我們不會放任小孩這樣做，因為尖叫很容易激發狗狗的狩獵欲望，或是尖銳的聲音容易讓狗狗緊張，而這兩種本能都是造成狗狗攻擊人類的因素。

一定要教育小孩不可以做出一些狗狗不喜歡的事情，父母也絕對不可以單獨把狗狗和小孩放在一起，而且更要注意幼犬，畢竟小時候的陰影會造成狗狗一輩子的恨，狗長得比人快，攻擊行為很有可能長大後才發生。千萬不要大意地在沒有成人的監督下，把「很乖的狗」單獨與小孩放在一起。

幼犬對其他狗的社會化也是極為重要的一個過程。請確保所有會跟幼犬接觸的狗狗都是友善、能夠接受幼犬的（人對小孩有時都會喪失耐心了，狗狗也是）。以我們家而言，幼犬的社會化比較容易做到，因為家裡有很多友善的狗會跟 Diesel 一起玩，不會生氣：但有很多幼犬在這個時期被大狗咬了以後，從此就會咬狗、甚至看到陌生狗就會要打架。所以小時候的訓練特別重要。

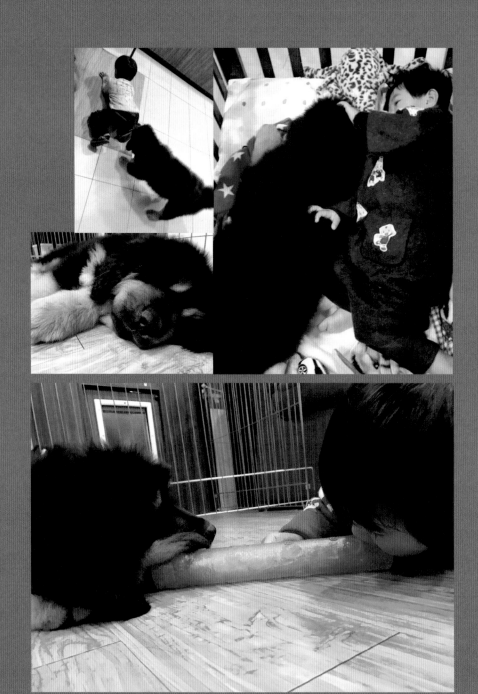

這個時期的小孩與幼犬都
很可愛，但雙方都需要隨
時的監督著。

🐾 Diesel 的玩伴

Diesel 算是跟 Sweden 一起長大的兩枚小幼幼，Sweden 比 Diesel 大一個半月。他們兩個就是把彼此當成是兄弟姊妹一般地成長，一起咬來咬去、玩水、奔跑、淋雨。（怎麼有種兩小無猜的感覺啊？）

Diesel 的另外一個玩伴是 Mandolin。Mandolin 就是那位任 Diesel 怎麼玩都不會生氣的女孩，但我們還是會監督彼此，如果 Diesel 真的玩得太過分，就要分開，畢竟萬一 Mandolin 真的玩到生氣，傷害就已經造成了。

Diesel & Sweden

把拔都不帶我去狗公園玩……。

　　通常要幫小狗做社會化，可以找一樣是養狗狗的朋友幫忙，但是要確定對方的狗狗是很安全的、個性也很好。換句話說，狗公園從來都不是適合訓練幼犬社會化的地方，因為你永遠不知道來的是哪些狗，也不了解他們什麼情況下可能會生氣、咬狗……對我來說，狗公園就是個不定時炸彈。

　　雖然我不帶 Diesel 去狗公園，但是我會帶他去其他安全的地方，認識不同的動物，比方說小馬。以現在 Diesel 的成犬體型來說，已經比右頁照片這匹小馬還要大隻太多了，所以首先要確定 Diesel 不能夠傷害馬，當然，牽繩也不能夠省，要隨時都能夠將 Diesel 帶回。

Diesel 一定在說：「你以為你牙齒白啊？！我的比你更白。」這匹白馬真的很帥，而且小小隻的太吸引人了。

　　另外一個我們很常帶狗狗社會化的地方就是「餐廳」，但是僅限於「寵物友善餐廳」、「老闆私下允許」、「准許寵物的戶外桌」。帶狗狗做社會化訓練有幾點要注意，其中最重要的就是「以不打擾到其他用餐的客人為優先考量」。每次帶狗狗用餐的時候，我們的狗狗都一定會：

1. 趴或躺在地上休息。
2. 不吠叫。
3. 不討食。
4. 不站著晃動。
5. 安靜地待在桌子或椅子下面，除非像 Diesel 很大就會占用到走道，但是盡可能地選擇最角落的地點，或是戶外桌。

　　台灣有很多店家都願意為了主人的方便、或是因為愛狗，而讓狗狗進到餐廳，因此以上的五點算是很重要的禮貌。

除此之外，也有一些非常忌諱的事：

1. 讓狗狗上椅子或是餐桌。

2. 用餐廳的碗盤、餐具給狗狗進食。

3. 一直躁動討食物的狗狗。因為狗毛會飛，不是所有的客人都能夠接受，有些狗狗討食的時候還會吠叫，口水會噴出來，毛髮會亂飛。

請大家要多多注意這些細節，我們自己把毛孩當家人看待，但並非所有的人都願意這樣，現階段的社會仍然以人的角度為優先，如果你的狗狗不會造成他人困擾，我相信未來會有更多的公共空間可以讓我們的毛孩也一同進入。

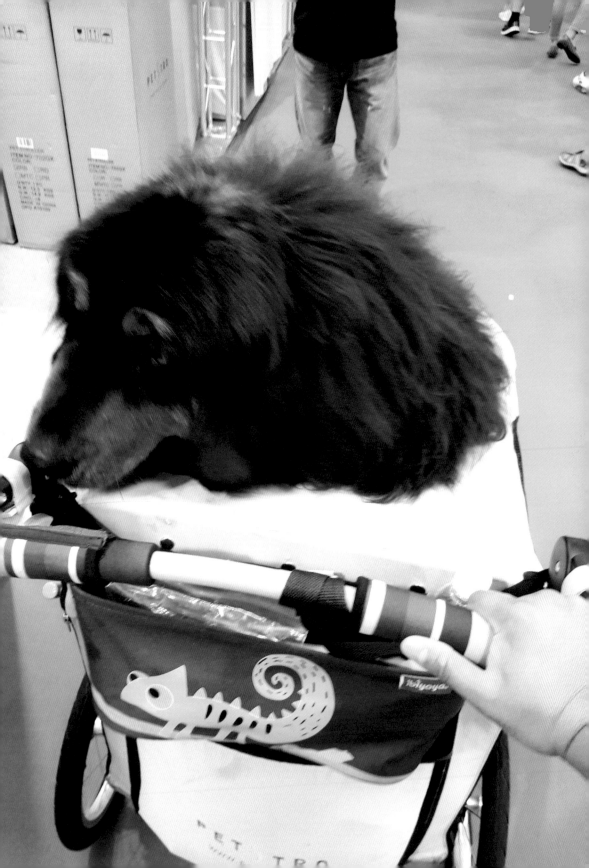

隨著 Diesel 越長越大，洗澡吹毛從一個人一個小時解決，進展到兩個人花四個小時……。

🐾 剃毛的兩難：天然保護機制與廢掉的手臂，兜擠ㄟ？

別看我現在常常分享 Diesel 剃毛的畫面，早期養狗我最忌諱的就是「剃毛」。毛髮對狗狗來說是一種保護，你把他的毛剃光以後，視覺上貌似涼快，但是到了戶外，他的熱是加倍的，而且陽光會直接曬到他的皮膚，很容易因此曬傷，甚至導致皮膚病變。

我們住的地方風很大，所以 Diesel 非常喜歡睡在戶外吹風曬太陽，要叫他進來屋子裡，他都心不甘情不願的。很多人會說那夏天是要熱死他嗎？其實夏天 Diesel 幾乎都待在冷氣房裡，只是很愛在正中午豔陽時間躺在外面。通常我都不會干涉 Diesel 的選擇，畢竟狗狗們不會笨到把自己曬到中暑。

🐾 藏獒的毛會刮人？

在談剃毛之前，要先跟大家簡介藏獒的毛。他們身上的毛分成兩種，比較粗的毛像是玉米鬚，長度也比較長，這些粗毛的堅韌度很強，以前我遇到小打結，也是想說用手指撥開即可；但你一定不相信這些毛竟然會割手，雖然不至於流血，可是會有像被釣魚線割過去的感覺。

而夾雜在粗毛之間的是柔軟的絨毛，尤其是在 Diesel 結紮以後，這些絨毛彷彿會無限增生一樣，長度也不斷地生長。絨毛與粗毛很容易打結纏繞，對我來說，既然都要照顧，就好好的顧，我不會把打結的毛直接剪掉，而是在梳子上噴順毛液，慢慢梳開，這樣才不會把毛扯斷。

這是結紮後絨毛無限長的情況。

我不胖，我只是毛澎！

結紮前還沒失控的毛髮。

結紮以後已經失控的毛髮。雖然看起來很亂，但這其實是我們幫他洗好澡
後拍的喔！身上是完全沒有打結的狀態。

　　而且，把毛照顧好也是我的目標之一，雖然每個星期都要花很多時間
整理，但這也是我們愛他的其中一個環節，不是嗎？

　　另外，這也跟我對狗狗們的信念有關。Diesel 都會在戶外草地上曬太
陽、睡覺、玩耍，身上容易沾草，差不多洗完澡的隔兩天就會弄髒了，毛
看起來一條一條的；但我覺得這就是 Diesel 的生活方式，我不想要因為會
沾到土或是草就不讓他出去玩。

這位就是 Titan！

就是這個毛！
讓我在新手村時就點滿了技能！

🐾 從新手村開始的毛怪之路

在養 Diesel 之前，我對於「毛怪」們就很有經驗了。大約十年前，我曾有過一隻可利牧羊犬 Titan。他也是一隻毛怪，為了照顧他，我開始到處蒐集護毛、顧毛的技巧，以及研究眾多護毛產品。感謝國外許多專業老手的分享，讓我學習到很多經驗。

Titan 也是每周洗澡一次，每次都要花上我四個小時的時間；如果是以當初的設備和我一個人的勞力，我想 Diesel 洗一次澡花費七、八個小時是跑不掉的。也是因為有過照顧 Titan 的經驗，現在我對應 Diesel 才會老練許多。

全盛時期的 Diesel，我跟美容師兩人吹整、加上三台大功率工業扇、兩台龍捲風吹水機，可以在三個半小時到四個小時左右完成。有使用超強潤絲的話，兩個人差不多要四到四個半小時完成。但假如那日天氣潮濕，就完蛋了，我們兩個人可能需要五個小時甚至更久的時間。所以後來只要適逢下雨天或是陰天，我們會決定幫 Diesel 延後洗澡。

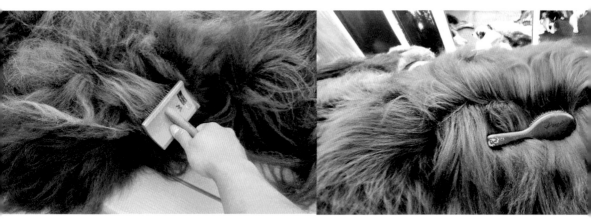

看這個毛量！梳到肌肉拉傷也不意外啊！

🐾 為了梳毛拉傷肌肉，接著就⋯⋯

　　一般狗狗如果遇到一年兩次的季節大掉毛，用吹水機用力吹，幾乎都可以噴出廢毛、或是自行脫落；但 Diesel 的毛又厚又長，內層脫落的毛很容易跟新的毛打結在一起，甚至無法單靠吹水機，一定要花很多時間一層一層地把毛撥開，再把廢毛梳出來。光是梳理這些毛的時間就可以花上好幾個小時了。

　　除此之外，這份工作還很需要體力，因為 Diesel 的毛很長，梳毛的時候，人類手臂的動作幅度也要拉很大，長期下來，很容易拉傷肌肉。

　　某一天，Diesel 洗好澡後，我們正準備要幫他梳時，我的肩膀突然一陣劇痛，導致我無法幫他整理毛髮！而他的一身長毛如果只剩美容師一個人整理的話，想必很快就會跟我一樣了⋯⋯所以我做出了一個連我自己都不敢相信的重大決定：把 Diesel 身上的毛給剃掉！

當我這樣轉告朋友時，還沒人相信，「怎麼可能，你是開玩笑的吧？」但事實上，我肩膀的舊傷就是為了整理狗狗們的毛髮而留下來的，如今復發，根本不可能把這一身「毛」都丟給美容師一人處理。而且倘若舊傷沒有處理好，未來也很難再照顧狗狗們的毛。

Diesel 的秀髮變成這個模樣，我們當然既捨不得又心疼，但只要想到疼痛的手、以及未來 Diesel 再也不用因為吹毛而在桌上躺那麼久，也就接受這個「優點」了。

除了第一次我們不小心把 Diesel 剃太光以外，其他時候，我們都會盡量留 1-2 公分的毛來保護皮膚不受到大太陽的傷害；冬天也盡可能不要剃太短，因為冬天他很喜歡在戶外曬日光浴。

看，Diesel 的毛量就是如此驚人！

這是剃毛前的長度。

🐾 毛是保護狗狗的最佳利器

　　這邊也跟大家科普一下，毛髮的作用主要是在保護狗狗，以防止紫外線過多的傷害。如果有一天狗狗的身體機能知道他不需要這樣的功能，自然就會脫落過多的毛髮，所以不要擔心狗狗會「太熱」。這個觀點是有根據的，澳洲牧羊犬的身體就有這種機制：在北美寒冷地區的澳牧，毛量比在台灣的多出很多，甚至當澳牧從寒冷的北美洲移居到台灣之後，毛量很快就會脫落減少。這是生物本能的其中一環。因此我不同意用人類的角度，只為了熱而將狗狗剃毛。幫助狗狗保暖的，就是底層的那些絨毛，只要你常常幫他們梳毛，去掉底層的廢絨毛，就可以協助他們降溫。

烤全羊和 Bonus

聯合國的 第一批羊老大 "

　　說起聯合國的羊，大家最熟悉的應該就是 Cooper 跟歐蜜瑪了，前者可是百萬點閱明星！但在養歐蜜瑪以前，我們早就領養了兩隻羊，分別是「烤全羊」和「Bonus」。她們是怎麼來的？為什麼名字這麼不可愛？

　　2019 年初，有位肉羊場的朋友一直跟慫恿我養羊：他有一隻羊因為關節炎長不大，無法當肉羊販售，所以很適合作為寵物。但對當時的我而言，養羊沒有激發我的興趣，畢竟那是另外一個專業領域。養任何動物前，我最擔心的就是醫療：如果生病了，我們不可能不帶他去看醫生，但也要找得到醫生才行啊！所以養羊原本不在我的規畫內。

我與她們倆第一次見面時拍的。

右邊是烤全羊，左邊是 Bonus。

　　直到某一天，朋友跟我說：「如果你沒有要養的話，那我就要賣給人家當烤全羊了喔！每到中秋節就會有買烤全羊的需求，她的大小比較剛好。」

　　「我養！我養！賣給我！」我一聽就慌了，趕快答應朋友：「你不能這樣啦！一直給我看照片然後跟我說要賣去當烤全羊……」畢竟看照片都看出感情了，哪可能眼睜睜送羊入「人口」。

　　不管朋友是否真的要賣出去當食材，總之，我買下來了！在我抵達現場後，發現還有一隻跟她關在一起的半白小羊，結果當場被說服連「小白」也一起買下來（後來證明這個決定是正確的，因為羊是群居動物，這樣她們才不會孤單，而且她們是一起長大的）。

　　OK！一剛開始真的不知道要取什麼名字，而且她們也沒有那麼親人，但總要有個稱呼，那就紀念一下當初為何養她們：「烤全羊」就是要被賣去當烤全羊的，「Bonus」就是突然多出來的。

咖啡色比較多的是「烤全羊」，
白色比較多的是「Bonus」。

一到家以後她們就大肆狂吃！
看到任何植物都能開吃！

🐾 說好的長不大呢？

隨著時間過去，漸漸地，她們竟然偷偷地長大了！不是跟我說不會再長大了嘛！我開始思索要幫她們搭個永久的家。初步的宿舍架構才剛放上去而已，她們就等不及地要跳上去玩了。

養羊有幾個重點，他們吃的乾草要盡可能的不要被他們踐踏，因為只要草有被尿尿或是大便，那一整堆他們就不要了；千萬不要覺得這很奇怪，畢竟人類也不會想吃沾了自己排泄物的食物吧（味道像咖哩的大便，跟味道像大便的咖哩，你選擇哪個）？所以，一定要保護好草的乾淨度。

Bonus 小姐～那個是給妳們吃草用的，不是給妳上去睡覺的。

大牌山羊歐蜜瑪的故事

只有狗狗才能 " 跟她當好朋友

　　2019 年的某一天，朋友在 Facebook 分享了某社團的一則貼文，是一隻待宰的羔羊被不當飼養，綁在樓梯間等待死亡那天的到來。影片中這隻小黑羊無助地大聲咩咩叫，而發文的原 PO 則寫到小羊並沒有被好好照顧，吃著廚餘，而且沒有供水。（羊是不可以吃廚餘的。）

　　這篇發文引起很多網友的分享。朋友給我看的時候，我覺得小黑羊真的很可憐，但是我沒有想過要再養一隻羊，畢竟我覺得養烤全羊和 Bonus 並沒有讓我感到樂趣，反而蠻困擾的，因為我的綠籬都被吃光光了，草也都被弄禿。

當天見到歐蜜瑪的樣子。

朋友一直有在追蹤小黑羊的後續，發現網友想要把她買下來、替她找個好家庭。後來，金主找到了，但是能夠收養她的家才是最難找的，畢竟羊與犬、貓不同，不好找到適合飼養的環境。

我大概就是那時候開始動搖的吧：羊要找新家不像貓狗，而我算是有能力提供一個家的；大家這麼努力想要拯救她，我卻因為不想麻煩……。

後來，我先問了黑羊是男生還是女生？如果是女生，那就沒有問題；如果是男生，我就需要多加考慮，得做足功課：男生要怎麼跟兩位女生（烤全羊跟 Bonus）相處而不會生出一堆小羊。

「如果是女生那就很好解決了。」

「那我們盡快行動，免得拖太久真的被吃掉了！快去把帶她回家。」

就這樣，我跟朋友七嘴八舌討論完後，2019 年 9 月 30 日這天下班後，我和兩位朋友一起去歐蜜瑪目前的所在地迎接她。她「住」在車水馬龍的主要幹道旁的一間公司裡，連路邊停車都有點困難。當天來了幾個人，其中有發文的網友，有準備來「付贖金」的網友……人太多了，我真的不知道還有誰。

當大家一起進去跟老闆談完，再把歐蜜瑪帶出來的那一刻，我覺得超級感動，因為是一群人不認識的人，出於善意共同營救一條生命！而且歐蜜瑪好小一隻啊，瘦巴巴的！後來，工廠員工還出來說：「她很喜歡吃發票」、「有沒有需要教你們怎麼料理？」……等等，以上都不需要啊，謝謝。

回到家後，第一件工作就是讓歐蜜瑪來認識一下烤全羊跟 Bonus 啦！畢竟以後她們是要一起生活的。一開始我還是用繩子先拴著歐蜜瑪，避免她因為衝突逃跑，那麼我也追不到她。結果歐蜜瑪看到她們兩位就生氣了，狂做出不友善的舉動。歐蜜瑪的體型又比她們小，很怕她會受傷，最後我還是沒有讓歐蜜瑪與她們住在一起。看起來我們只能把歐蜜瑪當狗狗養啦！也就是跟狗跟羊一起正式生活！

> 歐蜜瑪跟烤全羊、Bonus
> 的見面不算順利。

🐾 這世界上竟然有不吃草的羊！

原先我以為歐蜜瑪不吃草，是因為領養前沒有新鮮的草可以吃；既然現在有一整片的新鮮植物，她應該會很開心才對。結果不是這樣，是歐蜜瑪根本不吃啊！也許是緊張、也許是不喜歡，最後我們只能坐在旁邊先安靜地陪她，讓她慢慢地適應環境，總算發現她開始吃起榕樹了。

一開始她甚至連乾草也不吃，但既然願意吃榕樹和扶桑花，那好，給，我全都給！

歐蜜瑪算是很親人的羊，儘管她之前沒有被好好的照顧，但是也許工廠的人們也沒有到動手虐待她，所以她與人類的關係貌似不錯。這應該算是不幸中的大幸了。

我常常看著她，想著若當初沒有人伸出援手，她是不是真的連多幾個月的生命都沒機會？自從養了她之後，看著她總是會想到羊肉爐這件事情，難以置信她一度要變成餐桌上的佳餚。不過，也是在養了她以後，我再也沒有碰過羊肉爐了。有一次我媽煮了羊肉爐，我看著鍋子裡的羊肉塊，一口也吃不下去——就連要把目光放在羊肉爐身上都沒辦法。

其實吃什麼都沒有關係，只要妳願意吃就是好事！

看她這張臉，以後誰還吃得了羊肉爐啊！

🐾 訓練狗狗當歐蜜瑪的朋友

　　既然歐蜜瑪不想要跟烤全羊還有 Bonus 成為好朋友，那就算了吧。下一步就是要測試狗狗對於歐蜜瑪的反應，當然還有歐蜜瑪對於他們的反應。畢竟我養的是一整群的澳洲牧羊犬，牧羊犬的天性就是要牧羊！

　　請記得唷，就算是沒有經過訓練的牧羊犬，也是會想要牧羊的！也有可能因為粗暴而讓羊受傷。相對的，羊也會因為「被牧」而感到害怕。我很了解自家狗狗的特性，尤其是澳牧，只要羊因為害怕亂竄亂跑，狗狗們就更愛追，甚至會啟動狩獵的天性去咬羊。

　　當然不能讓這種事情發生了，所以我需要避免的就是：1. 狗不能追羊、嚇羊、對羊有敵意，2. 避免羊因為受到驚嚇而奔跑。至於我是怎麼訓練狗與羊相處？細節會整理在後面的文章。不過，在這裡我能多說一個小故事：在所有的狗狗之中，我最後放出來跟歐蜜瑪接觸的是 Ivory。因為 Ivory 是流浪過的狗狗，有時候她的獵物本能會比我們一般在家安逸慣了的狗狗來得強烈，所以我需要歐蜜瑪在遇到她的時候能夠很冷靜，而我的眼神也不能離開 Ivory。這樣的監控模式要一直等到所有狗狗都對歐蜜瑪習以為常完全忽略了，我們才能夠放心。

雖然狗狗們不會想要去追歐蜜瑪，歐蜜瑪也不會怕狗 **"**
狗們了，但是只要我們不在的時間，歐蜜瑪都還是要
回到自己的小天地去，隔著圍欄看狗在外面玩，也讓
狗看著冷靜的她在裡面吃草睡覺。

特別要記住的是，訓練狗狗與羊相處的過程不能太心急！因為只要一次的意外，很有可能以後他們就不能和平共處。狗狗不能有動口的動作出現，不然歐蜜瑪會被嚇到，一跑起來就會被一群狗追殺，這是一件非常恐怖的事。

　　經過好長一段時間的相處練習，總算到了羊、狗都放鬆，可以放掉牽繩的時刻了。這個時候的羊會做自己的事情、狗也做自己的事情，互不干擾，我們的訓練也算成功了！

　　幸運的是，我們家每隻狗狗都能夠很快的適應歐蜜瑪加入他們的生活，所以取得平衡點的時間比我們想像中快上許多。

現在的歐蜜瑪每天都跟狗混在一起，到處走、到處吃，當然也是到處拉，覺得羊超可愛，想要養羊的朋友，也是要考量到這一點唷！

附上歐蜜瑪的現況。
呼呼，真的好胖～

🐾 台北就醫記

某天，我發現歐蜜瑪會做很奇怪的動作：她的頭習慣性地往後折，直到接近背部，再轉回來。我查遍了網路上的相關資訊，懷疑是李斯特菌病（Listeriosis）！李斯特菌病是一種可以影響所有反芻動物以及其他動物物種和人類的疾病。以綿羊和山羊來說，李斯特菌病是嚴重的傳染病，會引起腦炎，也會引起血液感染和流產。

當我看到病理描述的時候，一下子慌張了，這可不是一件小事……當時我還不知道台中哪裡有能夠看羊的醫生（這就是為何養每一種新動物前，我都需要知道哪裡有相關的獸醫，不然緊急就醫時會是個大問題），後來打聽到台北的不萊梅特殊寵物專科醫院的蔣院長會看羊，當下趕快跟院長約了時間，準備帶著歐蜜瑪去看病。

隔天，我們把歐蜜瑪帶上車，那時候我們還沒有幫她取名字，一直叫她「歐罵罵」，但是總覺得這個名字好像不太好聽，跟她不搭；在去台北的路上，我們邊開車邊思考，最後就想到「歐蜜瑪」——因為她是女生，所以要用「蜜」，玉字旁的「瑪」則是很有玉女形象。

🐾 台北大街溜羊記

我們把車停在路邊，但距離動物醫院還有小小小一段距離，原本想要連運輸籠一起抬過去醫院，但朋友和我兩人實在是沒有那個能耐可以扛這麼遠，我們也沒有帶推車……最後我們決定乾脆用牽的好了。上演了一齣在台北街頭溜羊的畫面。

抵達醫院沒多久，歐蜜瑪就被帶進診間裡進行抽血檢查和一連串的其他檢驗。雖然我們是在診間外頭等候，但一直聽到裡面傳來乒乒乓乓的聲音，就知道這頭羊一定是很不配合在裡面搗蛋。

歐蜜瑪「歐北揮」的事蹟不只如此。當醫生看完診，歐蜜瑪總算出來後，醫生想要蹲下來跟我們解說，結果就是這個瞬間！這頭羊居然秒速衝過來咬了病歷表，吃了一口，然後病歷號碼就不見了！……果然是吃發票長大的羊啊，真的是任何的紙她都會搶著吃耶。

很慶幸的是，歐蜜瑪並沒有得到我們害怕的病菌，體內也沒有其他的寄生蟲。基本上就是營養不良，而轉頭的動作也許就是她的個人習慣而已（現在已經不會轉頭了）。

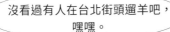

沒看過有人在台北街頭溜羊吧，嘿嘿。

發票跟病例表有比新鮮的草好吃嗎？小姐。

費盡九牛二虎之力的餵羊吃藥之路

歐蜜瑪的就醫記不只這一樁，2020 年 8 月 20 日，我們又帶歐蜜瑪上醫院。這次是因為歐蜜瑪那陣子走路突然有跛腳的狀態，於是我們帶著他去台中羅大宇動物醫院看馬醫師，她是會看羊的醫生。

現在的歐蜜瑪已經不是當年台北就醫時的 15 公斤小黑羊了，要帶她就醫真的是一件大工程，因為她現在是「大牌山羊」歐蜜瑪（好像就是我寵出來的……）。為了讓歐蜜瑪能夠好好的配合，我們隨身帶了新鮮牧草、乾草、飼料，這些都是歐蜜瑪很喜歡的食物，希望她會配合醫生。

結果呢，遇到醫生要檢查的時候，她什麼都不要了，只想做一件小朋友都會做的事情——我什麼都不想要配合！最後是我們一群人手忙腳亂的搞定她。

拍了 X 光，發現肩膀處有小骨刺，加上可能是關節處疼痛，所以才會跛著腳，需要吃藥先緩解疼痛。最慘的還是被醫生告知一件讓我更崩潰的事情——減肥！

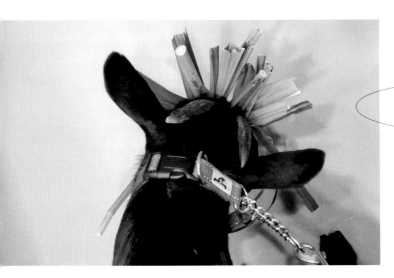

帶新鮮的草也沒有用，歐蜜瑪就是不想配合！

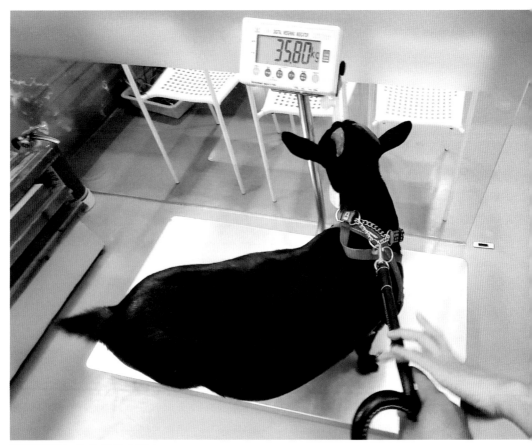

居然已經快 40 公斤了！嚇！

　　比制伏歐蜜瑪來說，餵藥大概又辛苦上百倍，要讓這位姑娘把藥吞下去真的是非常困難。你有遇過吃飯不會狼吞虎嚥的羊嗎？很難趁亂讓她把藥丸一起吃下去；羊也不吃肉，無法拌著罐頭一起給她吃；更不可能把她的嘴巴掰開塞藥丸。到底我該怎麼餵藥？這可是真是傷透我的腦筋了。

　　最後我想到的是，陸龜的飼料成分上大多是以草為主，而且飼料稍微泡水就會膨脹，就可以把膠囊包到裡面去。但這位姑娘，遇到被泡過水的陸龜飼料就不要了，所以我還要再重新加工，裹上更小顆的陸龜飼料，然後再加上一點她最愛的雞飼料提味。

千辛萬苦做出了撒尿牛丸 (?)，
請叫我餵藥大師！

　　費盡九牛二虎之力總算製作出超合她口味的「撒尿牛丸」後，歐蜜瑪總算肯吃了！可是危機還沒解除⋯⋯咬著咬著，她咬到膠囊破掉的味道，當下棄如敝屣，完全不屑一顧⋯⋯呃，好吧，看來是很難包在陸龜飼料裡面了。我只能把藥磨成粉混進去。結果「大牌山羊」歐蜜瑪還是有辦法把藥挑出來，不吃了！

　　你猜我最後怎麼達成任務？答案是：我只能把每一顆藥都切成一半，再包起來。總算這位姑娘願意吃！對於爸爸我來說，餵藥這條路，還真是歷經百般千辛萬苦啊。

　　現在的歐蜜瑪體重也控制下來了，走路也正常很多了，就是繼續當她的大牌山羊，整天都想要跟原本要來與她作伴的 Cooper 決鬥。而且她現在最好的朋友依然不是任何一隻羊，還是 Diesel。

大牌山羊歐蜜瑪與她的好友 Diesel ！

"

百萬網紅 Cooper

擁有百萬點擊率 ,, 的聯合國第一人

因孤單而大聲呼喚的歐蜜瑪。

很多人都知道 Cooper 是因為歐蜜瑪而養的，但仔細想想，前章才提到狗跟羊可以是好朋友（而且眾所皆知歐蜜瑪的好朋友是 Diesel），那為什麼還要養 Cooper 呢？

記得某一年夏天特別熱，考慮到溫度一直攀升，對於 Diesel 來說太炎熱了，於是我們把 Diesel 帶到屋子裡吹冷氣。那天睡前，我躺平在床上打開手機監視器，看到歐蜜瑪並沒有在睡，而是站在涼床上開口大聲呼叫同伴。歐蜜瑪因為孤單而大叫的畫面讓我心情複雜，但她的便便和尿量驚人，而且無法控制，實在很難將她也帶到室內。可是，我也不忍心 Diesel 為了陪伴她而在外面忍受悶熱的天氣。我跟太太說：「我們應該想個辦法……或許我們再買一隻羊來陪伴她？」

如果是以狗狗來說，這不是一個好主意。在這邊我引用寵物訓練師謝佳蕙的話：

基本上狗狗最需要的是主人，而不是另外一隻狗狗。

許多主人飼養狗狗都是在時間比較空閒或者換工作和工作之間，養了第一隻狗狗後開始忙碌時，會覺得對第一隻狗狗有所虧欠，覺得自己忙、但又沒有空閒時間陪伴，這時候都會開始考慮飼養第二隻狗狗，這樣不但可以減少自己因為忙碌沒辦法陪伴狗狗的愧疚感，也可以讓第一隻狗狗「有個伴」；但有時候也要評估原本的狗狗年紀和個性是否真的可以再接納第二隻狗狗，換句話說，您本來都是一個人住，突然多了一位室友的感覺，或許這位室友很合得來，但也有機會完全不合拍。

飼養第二隻狗狗來陪伴第一隻狗狗這樣的想法，很容易啟動兩隻狗狗之間的「資源」的爭奪，雖然狗狗是群居動物，除了您有機會失去和狗狗之間原有的互動，也很有可能觸發爭吵與打架，因為牠會開始發現家中有另外一隻狗狗正在霸占牠原有的「資源」，那就是您。

養兩隻狗狗沒有不行，但對於兩隻狗狗之間的互動以及所需要提供的「資源」都必須要正確分配，避免出現打架和攻擊的行為，一旦攻擊啟動，很難可以再恢復到最原本的和諧狀態。

也聽過許多人因為第一隻狗狗挑食而飼養了第二隻，讓第一隻狗狗覺得「食物資源」要被搶奪而開始狼吞虎嚥，這也不是一個好的作法，因為等於讓第一隻狗狗在進食時長期處在高壓的環境下吃飯，沒錯，或許挑食的行為有機會減少，但也許會引發更多其他不好的行為問題。

養兩隻狗狗沒有不好，只是兩隻狗狗間資源的分配以及狗與狗之間不能過度依賴彼此也不是一件好事情喔。

養兩隻狗狗以上的飼主們，請務必要評估自己的生活空間、收入、交通工具等是否能負荷，當然不同的品種也需要搭配不同的生活方式和運動量。

記得沒有最好或最壞的品種，只有最適合自己的狗狗們。

但對羊而言，我們無法帶她到房間裡陪她，羊又是群居動物，好像暫時也只能以這樣的方式解決。

　　於是我開始上網做功課，看到底有哪些羊種在體型、個性、環境等方面可以跟歐蜜瑪和平相處（當然啦，狗與羊的相處也有被考量進去）：體型是我們的首要考量，因為歐蜜瑪的體型比一般的黑土羊還要小很多，如果選擇跟她一樣的黑土羊的話，也許新羊會欺負歐蜜瑪；我們得考慮那些跟歐蜜瑪體型差不多或更小的選擇。經過反覆的研究，我把目標鎖定在台灣就能買到的「西非侏儒羊」。

　　想不到這個決定才沒過幾天，居然就在 Facebook 上看到有小羊要出售。我立刻先約時間去看小羊和他的爸爸媽媽，畢竟「侏儒羊」到底能長到多大，得眼見為憑才能準確，更重要的是，我還能藉此跟羊的主人請教養羊的問題。

　　我們去拜訪的主人家有三隻小羊和幾隻大羊，大羊的尺寸跟歐蜜瑪差不多，感覺非常恰好，不用擔心體型差異；而三隻小羊真的是迷死人了啦！怎麼會那麼嬌小可愛！

小羊也太可愛了吧！

只不過當天我們還不適合將年幼的小 Cooper 帶回家，因為他還需要喝母乳，也需要與兄弟和媽媽學習如何社交。這個環節即便是飼養親人的狗狗都是不可或缺的。那天選定 Cooper 以後，我們就先打道回府了，整理 Cooper 未來的生活環境，準備一個月後迎接他回家；除此之外，每章節讀者都會看到我在耳提面命，想必也知道，Cooper 還是需要先留在我們身邊生活，等長大到一定的程度才能夠與歐蜜瑪一起，可不能直接就把大羊和小羊一同養啊，還沒適應彼此就讓他們接觸是很危險的行為！

這位擁有巨無霸角的羊先生，就是 Cooper 的生父。其實很帥很漂亮，只是這個角的確有點恐怖。你們能相信哪一天 Cooper 的角也變成這樣嗎？而且這個洞很小，他竟然可以很靈活的把頭伸出來和縮回去！

等待的這一個月對我們來說實在很難熬，畢竟已經親眼見過這麼小的羊了，會期待這個可愛的身影能早點出現在我們家。

🐾 回家囉，Cooper 遷居記

接 Cooper 回家的那一天我們超級興奮的，畢竟已經期待了一整個月，而且把 Cooper 抱在身上更是融化到不行！

Cooper 算是一隻性格獨立的羊，回家的路上都沒有叫半聲，這讓我們信心大增，當下決定帶他去寵物店買胸背帶，這樣才能將他上拴牽繩，介紹給狗狗們認識。另一個需要實際帶 Cooper 本尊去寵物店的原因，也是因為我們無法事先準備，實在沒有資料、也很難憑記憶去選胸背帶，到底誰能背侏儒羊的「三圍」啦，所以，拎著本尊去寵物店試穿最實際。

特別好笑的是，除了一般的胸背帶外，我還被一個能背在前胸的背袋給燒到了，這是因為要抱著 Cooper 手很痠，而且牽狗和牽小孩都需要雙手，如果能背著 Cooper，感覺就能騰出手牽小朋友與狗狗們。

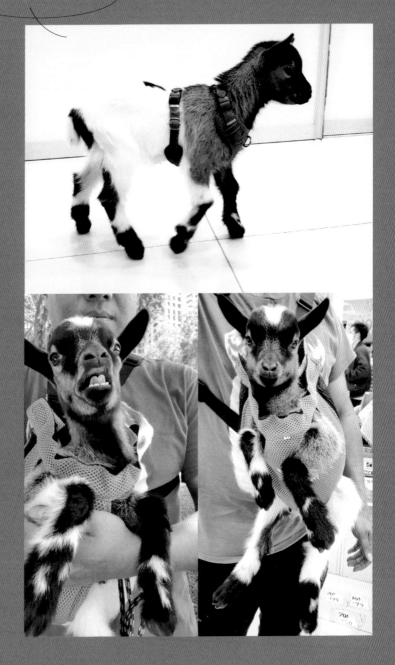

誰會知道小羊的三圍！

🐾 果汁機也出動，把飼料變得可口

發生在歐蜜瑪身上的「症頭」，也同樣在剛帶回家的 Cooper 身上：他不吃乾草、不吃新鮮的草、不吃飼料……頂多就是吃飼料下面殘留的粉，隔天很明顯地能發現肚子消瘦了，害我們擔心得要命。

看狀況不太對勁，後來我只能把乾草磨成粉——當然對他來說，太大顆的飼料也只能磨成粉——果然 Cooper 就願意吃了。最可怕的是，我會對草過敏啊！超級痛苦的！即使是戴著口罩仍然噴嚏打個不停……養大 Cooper 的過程就是這麼的「涕淚縱橫」，當爸爸的我容易嘛！

左圖：出動果汁機製作 Cooper 的飼料。
右圖：剛回家的 Cooper 在鋼琴上發呆。

Cooper 與我們的柯爾鴨初見面。

與家裡的博美狗初次見面，
Cooper 比人家還小！

Cooper 與 Mardi。

Cooper 好奇地走來走去，
探索新家。

Cooper 才剛來我們家沒多久，
就參與了家庭旅遊。

🐾 意外的花蓮行：民宿溜羊記！

帶 Cooper 回來不久，剛好是我們要跟狗狗出遊的日子。原本沒有計畫要帶著 Cooper、只是跟狗狗們去度假而已，我們早早就訂好民宿，還跟老闆娘確認好同行狗狗的數量。但天不從人願，把 Cooper 帶回家才發現他根本不吃草，只能爸爸我每天親手幫他的料理做不同變化，他才願意吃一點。這種情況之下，完全不放心丟給家人照顧，這樣家人也太慘了吧！

後來我決定「聽天由命」，若民宿可以讓我們多加一頭羊，那就帶他一起去；如果不行的話，我們就取消這次的行程。畢竟不管怎麼說，我們多帶的可是一頭羊（可能會吃掉老闆草皮的傢伙），不是小狗耶……我實在無法預期老闆能不能接受。

沒想到民宿老闆娘超級佛心，居然點頭說 OK！於是爸爸我只好認命，開始準備 Cooper 花蓮行的所有裝備了。

🐾 把身家都打包拎走

你以為羊這麼小，是能有多少「傢私」？這樣想你就錯了，Cooper 的行李多得要命，包含了：

1. 四種不同品種的乾草：提摩西草、苜蓿草、燕麥草、百慕達草（養兔子的讀者有沒有覺得很熟悉？），加上從牧場帶回來的精料（羊飼料）、以及給天竺鼠吃的提摩西草粒。除此之外，我還多帶了一台磨豆機，這是為了要把乾草和精料磨成短一點的草或是粉，方便 Cooper 食用。

2. 摺疊鐵籠：晚上睡覺或是不要他到處亂跑亂上廁所時限制他用的。

3. 尿布墊：要鋪在鐵籠的下面，因為他不會定點大小便。

4. 地墊：放在鐵籠裡面讓他睡覺取暖用。

5. 大毛巾：把鐵籠蓋起來用的，防止冷氣太冷直接吹到他。

6. 水碗、飼料碗、乾草盆：雖然他不太會主動吃乾草，但是我都還是會放在籠子裡，萬一他半夜餓了，也是有宵夜可吃！

7. 車用運輸籠：搭車的時候就是要讓他窩在小運輸籠（外出籠）裡面，避免因為行車關係他東倒西歪會撞傷，然後去餐廳吃飯時，也需要提他下車。

以上這些還只是 Cooper 的行李，我們可是還有「攜帶」一隻小孩跟三隻狗狗，車子都快爆炸了！要不是裝不下，下次出門，我還想帶吸塵器呢！

看爸爸我準備的傢私有多少！

這家超級美的民宿是「毛球公爵寵物民宿」，非常感謝老闆與老闆娘願意讓我們帶 Cooper 一同旅遊。

這傢伙總算願意吃新鮮的草了，我好感動！

🐾 新鮮的草！開吃！

到了花蓮的民宿，他們有一片好美好大的草地，我們這位大哥突然間開竅起來，大口大口地吃著民宿牆邊的小草，這個時候我真的感動得要死！因為他總算願意吃草了，我不用擔心他餓死了！雖然這代表我大包小包帶的一大堆東西可能都用不到。

隔天的早上六、七點，我帶著狗狗下樓去上廁所，順便帶 Cooper 去蹓躂！只見這位大哥開心地吃起早餐，無論是落葉或是小草，他都吃不停，真是感謝民宿美麗的草地讓他胃口大開。

只要他願意吃，我就站在旁邊陪著他，愛吃多久就等他多久。爸爸我真是不容易啊，都快被曬乾了！還要打電話叫媽媽先帶狗狗去房間吃早餐，我繼續陪著 Cooper 在院子吃飯。

Cooper 大口吃早餐以及開心玩耍的模樣。

連爸爸吃早餐都不放過，就是一定要
抱緊緊的，不然就會用超級宏亮的嬰
兒哭聲來抗議。我聽了心軟、超捨不
得，只好抱著他吃早餐。這個行為太
不值得學習了。不要學喔！

牽著一群狗狗出遊，中間還混了一隻小羊，我們最常被問的一句話是：「這是羊嗎？」甚至有人會問說：「這是什麼品種的狗？」當我們回答是羊，對方還不相信，大概因為狗羊一起相處太稀奇了吧。

　　在花蓮的這幾天，我們到哪裡一定都是帶著狗和羊，所有行程都是狗、羊能夠一起遊玩的。當然，帶著狗和羊一起出來度假的目的就是要能夠一同行動，不然就喪失意義了。

　　如果下次你也有機會帶一群寵物出遊，記得挑好無論大人、小孩、寵物們都能同遊的地點，一起享受這段回憶。但是記得禮儀很重要喔！別忘了牽繩，也別忘了保持民宿整體與房間的整潔度，更要記得不要讓你的寶貝們上民宿的床。姑且不論你們在家裡是怎麼樣的生活模式，還是要注意到民宿的規定和其他客人的權益。

Cooper 旅遊寫真

在花蓮曼波海灘上的 Cooper。

由左至右：威比、Shaquille、Devontae、
Martini、Vodka、Summer、Geneva、
Cooper（地上的羊 XD）、Eros、Oriane、
Tristan、Mandolin、Roddick。

如何讓狗不牧羊？！ "
狗與羊的親密接觸

　　大家一定可以猜到，我最常被問的問題就是：
「你養了一整群的牧羊犬，又有養羊，要怎麼做到
讓狗不攻擊羊，或是牧羊呢？」雖然很樂意在這裡
跟大家分享我的訓練法，但也請大家記得，我不是
專業的動物訓練師，所以千萬不要當成專業人士的
金科玉律。

🐾 第一步：隔欄不可少！

原本帶歐蜜瑪回家，是要讓她跟烤全羊還有 Bonus 一起生活，但事與願違，兩邊好像都對彼此沒興趣。畢竟我實在太不熟悉羊的行為，只好讓她跟狗狗們一起生活。但，無論起心動念如何，目標都只有一個：每隻動物都要安全，不能受傷！

第一件事情，一定是要隔著圍欄先看看動物間彼此的反應會是如何？一開始羊會害怕而產生敵意很合理；而狗狗們天生就是掠食者，會好奇想要兇羊也是正常的。至於我的任務，就是要在這兩個正常現象之間，取得一個讓他們和平共處的控管方式。

一般來說，我會先讓比較容易失控的狗狗隔著圍欄看羊，而我站在狗狗這邊，如果有一些比較危險的反應時，就把注意力吸引開來；而若是他們沒有太大的反應，就要稱讚狗狗們的行為，讓他們知道看到羊不需要過於激動。

🐾 第二步：讓雙方都上牽繩

第二個步驟，是將羊套上牽繩，主要目的是不要讓他因為受到驚嚇而亂跑，因為「逃跑」這個動作會誘發狗狗的天性，更想要去追咬。另一點也是因為，如果羊要攻擊狗狗，我們才能夠即時拉住羊。當然，反之亦然，我們也會把狗狗拴上牽繩，以確保羊的安全。

以上過程都要慢慢進行、多花一些時間，不要操之過急；而且，如果你跟我一樣有很多隻狗狗，不能一次讓太多隻狗狗接觸羊，要循序漸進且一對一的確認狗狗們都不會主動攻擊羊，才可以放心地把狗狗的牽繩拿掉，也才能慢慢增加狗狗的數量。

但要注意的是，羊的繩子仍然不適合解開，因為我們要確保羊看到這麼多狗狗時，不會亂跑亂竄。

請記住，當狗狗的數量是兩隻以上時，要以保護羊為優先。因為狗狗的天性是群體一起行動時比較容易發動獵捕行為。

🐾 第三步：讓羊適度放鬆休息

　　一直到很確定羊不會怕狗了，狗也不會去干擾羊，我們才能夠將羊的繩子解開，當然羅馬不是一天造成，這個過程得花很多時間培養，畢竟羊是草食性動物，天生就是被掠食的，所以非常容易受到驚嚇。當每次訓練時，每隔幾分鐘就要讓他回羊舍去休息一下，過幾個小時再出來一次。

　　一切都還是要看羊和狗本身的反應。

🐾 第四步：無視才是王道！

　　如果今天遇到一隻狗狗對羊非常感興趣，那我們就要害怕了，千萬不要認為「他只是要交朋友」。因為會一直盯著羊看的狗狗，很容易張開嘴巴對羊不利，而羊一受到驚嚇，狗狗就更有興趣，此時，發動攻擊的機率非常大。

　　最好的相處方式就是狗狗不理會羊，不會在乎羊是否在狗旁邊走動。當他們彼此都不在乎彼此時，我們就可以放心地讓他們一起生活。

　　不同的物種要一起相處其實並不難，但也不能馬虎，除了做足預防措施之外，請記住，「安全」永遠是最重要的，很重要所以要強調三次。千萬不要覺得一群牧羊犬都可以跟羊生活了，那我家的狗一定也可以，這是不一定的喔，各位要小心才行。

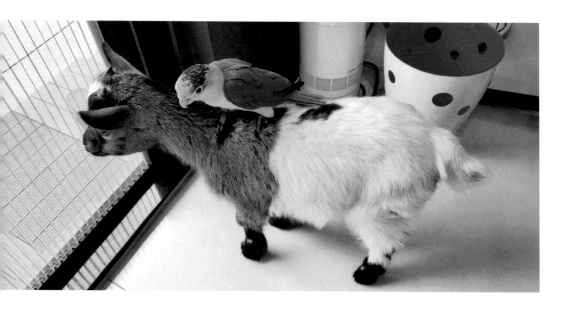

Chapter Three

我的奶爸人生

小鴿子 Heart

聯合國的顏值擔當 ❞

　　某天，我的好朋友、也是 YouTube 頻道「許伯＆簡芝──倉鼠人」的許伯、簡芝，問我可不可以拍攝「東方鴿」，想要做一集《從零開始養東方鴿》。因為我們的鴿子全部都是放養在院子，其實不親人，所以要能夠抓到手上來配合拍攝是非常困難的。而且我覺得小鴿子孵化成長的過程也很吸引人，於是我跟朋友借了當初送給他的鴿子回來生蛋，想從一開始就做紀錄。

　　朋友說：「你來得正是時候，我的母鴿剛生了兩顆蛋。」

被媽媽放棄的鴿子蛋

　　我把朋友的鴿爸爸和鴿媽媽連同巢一起帶回家。原本都還算順利，鴿媽媽也很認真地孵蛋，但我覺得巢有點髒髒的，想幫她清潔一下，所以幫他們換了一個乾淨的巢。剛換新巢，鴿媽媽一開始不回來孵蛋也是件正常的事情，通常過了半個小時就會回家，所以我癡癡地在巢旁等待；哪知道一直等到天黑，她還是不願意回去，就這樣，我決定先下班回家，我想天黑了，鴿媽媽應該就會歸巢了。

　　沒想到隔天早上，這位媽媽都還沒有回巢孵蛋！我心想完蛋了，大事不妙，因為蛋已經失溫了二十四個小時，也許蛋已經死掉了！

　　我告訴自己，先把蛋拿起來照燈，看看裡面是否還有心跳，如果還有，就代表他們命不該絕。那我會當成孵雞蛋一樣，把他們拿起來放到電子孵蛋機裡去孵。

　　當時巢裡面有三顆蛋，我用手電筒一照的時候，看到了心臟還在跳動，但是心跳已經很微弱了。此時的我只能快速地把他們全都放進去孵蛋機裡先進行保溫，同時在蛋上面編號1、2、3。

　　3號蛋在隔天就失去了心跳，而1號與2號蛋的心跳都恢復到正常的速度。在孵蛋的過程中，每隔幾天我都會拿出來照燈，看看是否還有胎動。

　　好景不常，隔幾天我在檢查2號蛋的時候，手一滑，蛋不小心被我摔裂了。蛋殼是很重要的一個保護層，當蛋殼破裂的時候，蛋裡面的水分也會慢慢地流失，導致胚胎死亡。我嘗試著用很薄的白膠補救破裂的蛋殼，可惜在補救完後兩天，2號蛋的心跳還是停止了。這個時候的我，很自責也很難過，竟然因為我的不小心而失去了一個這麼難得及寶貴的生命。對我來說，這三顆蛋的生命得來不易，是如此的堅強。

　　只剩下了1號蛋後，我的內心忐忑不安，熬著熬著，總算熬到了1號蛋要破殼的日子。我在孵蛋機裡面架設了監視器，那天早上要出門時，看

到 1 號蛋正在破殼了，好開心啊！但同時也很緊張，因為生命常常在最後這個關卡「難產」而喪失。

那一天，剛好也是出版社編輯來訪的日子，我的心情既興奮又緊張，手機監視器一直開著，不敢關掉。

用電子孵蛋器
小心翼翼地照顧。

四十八個小時了都還是
這樣的進度，但是蛋膜
看起來似乎夠乾，血已
經都被體內吸收了。

🐾 破殼四十八小時還活著，命不該絕的小鴿子！

　　還有一件令我十分害怕的事情也在發生：那就是小鴿子破殼到一個程度以後，已經有九個小時都是一樣的進度，並沒有更大的突破。通常開始破殼到出殼，二十四個小時就已經算久了，依照過去孵鴨蛋和雞蛋的經驗，這是很危險的事情。

　　但與之同時，我也陷入兩難：到底我該不該幫忙他人工破殼？如果太早幫忙破殼，很有可能扯到他的血管，他會大量出血死亡；如果他已經成熟到該出來，但是胎位不正、個體不夠健康，導致體力不佳，那很有可能就會悶死或是體力透支，胎死蛋中，那個時候去幫他破殼也來不及了。

　　到最後，他從破殼到目前的進度已經四十八個小時，不人工介入是不行了。

　　我拿著照燈照了很久，想要確定蛋膜上的血管都已經被小鴿子的體內吸收，這樣破殼才不會扯斷血管。但這次，即便有過幾次經驗的我，還是無法百分百肯定，只能先幫他開一個小洞試探看看。

　　後來我看到蛋膜已經都乾了，一點一點撥開也沒有血流出來，表示可以再多開一些，最後我開到小鴿子的頭可以伸到外面，就等他體力恢復以後，自己把自己踢出蛋外了。這樣做是因為他的臍帶很有可能還沒完全收

剛孵出來的小鴿子還不 **"** 需要餵奶，因為蛋黃在 體內還可以支撐他們 一、兩天的營養。

乾，如果強行把他從蛋殼拉出來，有可能會傷到內臟。

　　小鴿子從下午五點被我人工破殼，到晚上十二點了都還呈現很虛弱的狀態。其實這隻小鴿子本身就沒有很強健，因此整體而言，他一直在危險期內。

　　一般來說，我們熟悉的小雞小鴨小鵝們，破殼以後眼睛就會張開，會走路、也會自己開口吃東西，所以我只要提供粉狀的飼料讓小雞、鴨、鵝自己吃就好了；但鴿子比較像是其他的鳥類比如鸚鵡、麻雀等，他們都還需要仰賴父母的撫養。當然鴿媽媽已經棄孵了這顆蛋，自然不會去餵食了，也就是說，換成我要爆肝的時候到了！

再度啟動！我的奶爸人生

破殼的第二天，我開始餵小鴿子喝奶。此時的他才 10 克重，而我只能餵大約 2 克左右的奶。這次我使用的是鸚鵡的奶粉。大約十年前，我也曾經用鸚鵡奶粉手養過一隻剛孵化兩天就被鴿爸鴿媽拋棄的小鴿子，依照過去的經驗，這是行得通的。

剛出生的鴿子這麼小，還只能少量多餐，因此我需要記錄小鴿子得花多久的時間消化完這 2 克的奶。這個很重要喔！必須要等待小鴿子將嗉囊裡面的奶都消化完了才可以讓他喝新的奶。一般來說，健康的個體需要在四到五個小時內將嗉囊裡面的奶給消化完，如果超過這個時間，表示他可能生病了，需要去看醫生。而 Heart 大約花兩個小時來把 2 克的奶消化完畢。

小鴿子喝奶的方式也有很多種，我選擇的是將軟管從嘴巴伸進去嗉囊，然後慢慢的把奶打進去。這樣做可以節省比較多的時間，而且餵食的過程中，奶也比較不會冷掉。

讀者讀到這裡，會發現另一個關鍵字出現：那就是奶的「溫度」！溫度也是很重要的，需要控制在 39-42 度之間，太燙的話會燙傷他們的嗉囊，太冷的話則會在嗉囊發酵、無法消化，假如這兩種情況嚴重的話都是會致命的！

剛才有提到 Heart 花兩個小時的時間消化掉奶，換句話說，代表我每兩個小時就要餵奶一次！半夜也不能例外！這也是我一開始很擔心的部分，因為這種餵食不是只維持一、兩天，必須一路餵到他長更大，嗉囊能夠裝更多的奶、消化時間可以拉長，我才有足夠的時間去睡覺。

當時的我就這樣沒日沒夜的餵飯，並且每天都幫 Heart 秤體重，記錄成長幅度。頭幾天，Heart 幾乎都是成長 1 克，但可能幾個小時後他又少了 1 克，畢竟 Heart 本身不是一個很強健的個體。

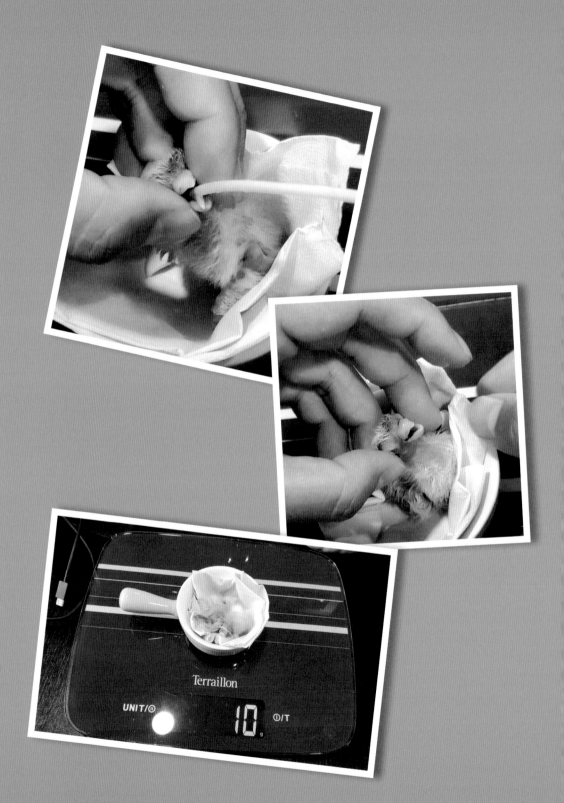

🐾 只求你能健康長大

不只是餵奶的時間、體重、食量需要記錄，還有一個很重要的東西叫作便便。便便也是觀察動物健康與否的因素之一，那幾天我都得看著他正常便便才能夠安心，尤其是第一次餵奶的時候，其實很怕他對鸚鵡人工奶粉會不適應而無法消化，但看到第一坨非胎便的便便以後，我就放下心來。

一切都如此順利，Heart 終於來到 6 日齡，而我發現他剛喝完奶沒多久，整個嗉囊會脹大到像一隻河豚，甚至會讓他失去平衡兩腳朝天。我意識到這不是一個正常的現象，而且仔細觀察，還會發現嗉囊裡面似乎有一坨奶顏色不太一樣、有點化不開的樣子。

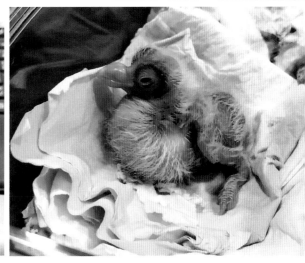

我認為是該去看醫生的時候了，下班後馬上用衝的帶 Heart 去看醫生，整條路上都塞車，但醫院不能先預約掛號，如果太晚抵達、看診額滿，我們就看不到醫生，想到這裡就讓我壓力山大啊！

經過醫生診斷，發現嗉囊裡面其實是一塊異物，原來 Heart 神不知鬼不覺地把衛生紙給吞下肚！我真是太大意了，好險有即時就醫，也幸好醫生一再花時間檢查，不放棄任何的可能性，才發現了這件可怕的事。

經過這次的事件之後，我改用毛巾當 Heart 的底材墊料，因為異物進入嗉囊造成細菌感染，所以餵奶的時候需要把藥物混進奶；而且 Heart 體重還很輕，醫生開出來的藥粉量少到假如我不小心用力呼吸，藥粉就會被吹散了。

出生後 9 天的 Heart，已經開始長出羽管，此時可以看得出來他的顏色和一般的東方鴿不同，一般的東方鴿翅膀有一半會是有顏色的羽管，而他只有兩個小點，也就是說，他的身體大部分會是白色的！

有些有密集恐懼症的朋友，會無法適應長出羽管的時候（堪稱長好長滿超密集），但是身為奶爸的我，真的是不管怎看都覺得好可愛！即使羽管爆到像顆珍珠丸子也是如此。

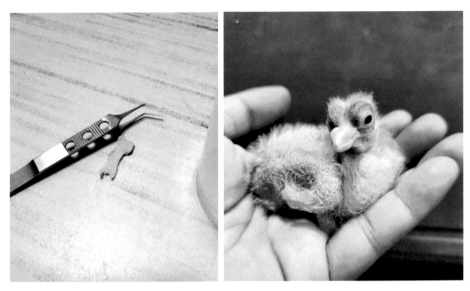

吃了兩天的藥後，Heart 的狀態就好轉了，但我們依然讓他吃滿一個星期。此時 Heart 的體重也愈來愈明顯穩定上升。

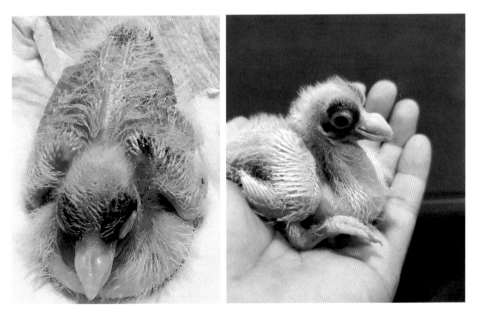

Heart 的羽管逐漸長出來。有密集恐懼症的捧油千萬不要害怕！

🐾 鴿大 18 變！堅強的 Heart 變身漂亮鴿子寶寶

你們看，12 天大的 Heart 是不是超級可愛的啊？圓滾滾的大眼睛。我聽到有人說不可愛了！當你要說他不可愛的時候，請不要被奶爸聽到，奶爸會不高興的喔！

　　好不容易熬到 12 天大了，此時的我，每天睡覺都沒有超過五個小時。這個時間的 Heart，長大的速度只能用神速來形容，每天的早上和下午都可以看得出有所變化，羽毛長得程度真的很快速，就快要從珍珠丸子變成一顆羽毛球了！

　　經過這些沒日沒夜的照顧，我疲倦到快死了，但同時也很有成就感，主要是我覺得 Heart 的生命太神奇了，從被媽媽孵了四天只有心跳、失溫了二十四個小時，後來又被拯救起來，到破殼過程不順利，吞入異物細菌感染……等，多次從死神手中搶救回來，證實了生命力的強大。

　　現在的 Heart 依然與我們一起生活著，還沒有回歸鴿群生活，目前的他是可以跟我互動的，雖然每次都把我的耳環當成他的穀物咬……但一切都超值得。

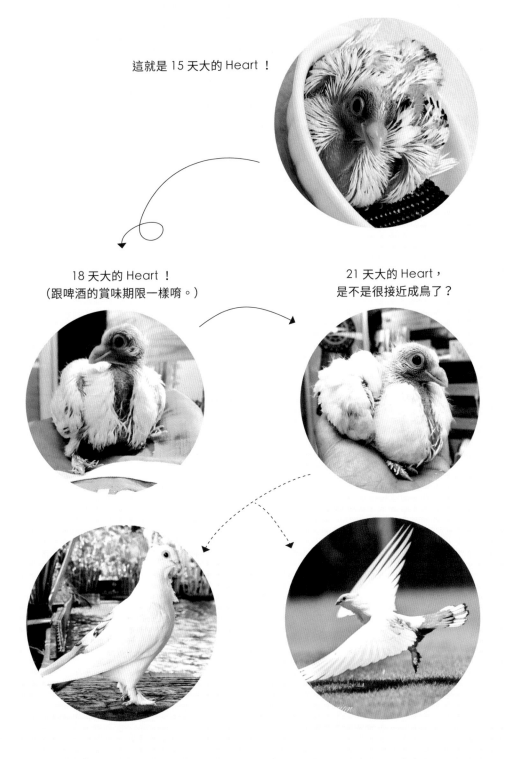

這就是 15 天大的 Heart！

18 天大的 Heart！
（跟啤酒的賞味期限一樣唷。）

21 天大的 Heart，
是不是很接近成鳥了？

狗媽媽 Sydney 挺孕肚流浪大雪山

同樣都是新生命 "" 卻有著不同的命運

　　2020 年 1 月 27 日，我的 Facebook 好友「Eva 女王」發了一篇文章，看得讓我非常揪心。她的貼文是這樣寫的：

　　你你你！！！

　　肯定是孕婦吧！！！！

　　窗外風光明媚，孕婦卻站在車旁邊，搞得我無心賞景，

　　她也不吠叫，很穩定，看了有點心疼，

　　拿出包包裡幾顆白麵包，分她吃了，孕婦不吃飽怎麼辦，

　　但我們也只能餵飽這餐，不曉得附近有沒有人會餵食。

　　我曾經當過很多年的中途家庭，看到這樣的文章總是讓我心很酸，而且這次我有很強烈的感覺：「我想要把她帶回來待產！」當時的我甚至覺得明天就要衝大雪山！另一方面，心中也有無數個「如果……怎麼辦」，我知道有很多的現實面需要考量。

　　老婆說：「如果你今晚一直掛念著她，明天我們就去帶她回來；如果你覺得好像也還好，那就算了。」

　　當我在照顧家裡生小狗的狗媽媽，都會想到流浪的狗媽媽們，真的好辛苦；當我在餵食剛出生的澳牧小狗喝奶、幫他們保暖時，也會覺得浪浪

新生命們好可憐，同樣都是新生命，卻有著不同的命運。

大雪山現在那麼冷，剛出生的小狗有多少隻可以存活？媽媽餵奶需要營養時，要去哪裡找食物？雖然現實生活中這樣的事情每天都在發生……。

最後，我還是無法決定要怎麼做。

🐾 出發大雪山，即刻救援

1月28日一大早，我們夫妻倆就開著車往大雪山去了。整個晚上我還是掛念這隻懷著身孕的狗媽媽，想到的都是她肚子裡即將出生的小孩該怎麼度過寒冬？在與朋友聯繫過相關的位置後，我們就上山去了。

沿路景色優美，但我腦中想的都是如果我們等一下找不到狗媽媽，或是無法順利將她帶上車子，接下來她到底要去哪裡找食物？如何照顧寶寶們？

按照朋友的指示抵達目的地，車子都還沒有停妥我就看到她了！此時心中的大石放下了一半；同時也產生另一個新問題：她親人嗎？要如何讓她走進運輸籠裡面呢？

景色很美，
但我們卻無心欣賞。

,, 狗媽媽很親人，
老婆一呼喚就靠過來了。

就連我們都很驚訝一切這麼順利。
只能說我們彼此是對的人。

🐾 確認眼神，我們就是彼此等待的人

一邊思考，一邊拿出放在車子裡的運輸籠，老婆開始發出聲音呼喚狗媽媽過來，想不到她竟然這麼親人，馬上就過來了！我們還可以摸摸她！

接下來我們的任務就是要引誘她進運輸籠，再帶她下山去待產。沒想到我用飼料誘導她進去運輸籠，竟然只花了不到兩分鐘。一切就是這麼順利，我們把她放進運輸籠裡，然後扛上車，下山回家！

其實找她的過程中，很感謝最早發現她的朋友「Eva 女王」，她還派老公上山來協助我們，非常感激他們夫妻倆的熱心。當天在下山的路上遇到她老公，還貼心送上兩杯咖啡給我們。（藉由寫書，能把這種感動記錄下來，真是太棒了。）

🐾 熟悉新環境，培養默契

回到家後，讓狗媽媽先適應平地的新環境，果然沒多久她就適應了，精神食欲都相當良好。當然我每天都花很多時間跟她培養感情，畢竟小狗出生後，我會是主要照顧他們的人，我不希望到時候因為沒有感情基礎而被咬一口……。

雪梨（Sydney）是我幫她取的名字，因為她來自大雪山，盛產水梨（是嗎？！），我自認為這個名字取得很好聽，加上以前我很愛看的一部美國影集《Alias 雙面女間諜》，女主角就叫雪梨。

培養了默契以後，發現雪梨愛撒嬌又黏人。

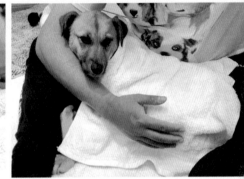

　　每天下班的時候，我都會跑去產房裡面陪她一下，雪梨會整個身體靠在我身上撒嬌，甚至睡著。她睡著的時就是我這把老骨頭開始痛苦的時候，我相信大家都有過這樣的經驗，當寵物靠著你睡覺的時候，你不忍心吵醒他們，但你自己已經腳麻腿瘓了。

　　過了幾天，雪梨的狀況很穩定、也不會緊張了，所以我決定要幫她洗個澡。我特別挑了那個星期最溫暖的一天，因為我還不知道她對吹水機會不會感到害怕？為了不要驚嚇到她，我只能用毛巾努力幫她擦乾，加上吹風機；但如果吹風機她會怕，那就連吹風機都不能用了。

　　最可愛的畫面是幫她用吹風機把毛吹乾以後，雪梨包著毛巾靠在我身上，然後就這樣安心地睡著了。（再度腳麻！）

雪梨從大雪山上下來，照道理平地的低溫對她來說應該沒什麼影響才對，沒想到她卻冷得發抖；我趕快拿出加溫墊給她使用，看她躺在加溫墊上安穩的睡姿，我才安心。

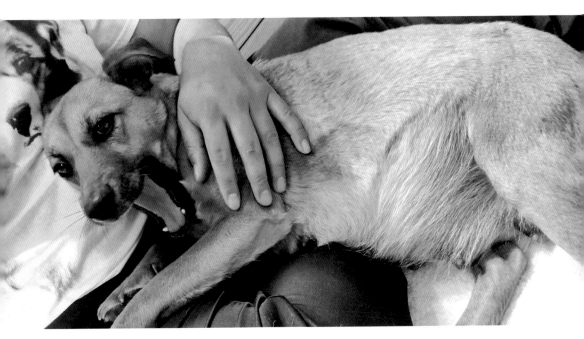

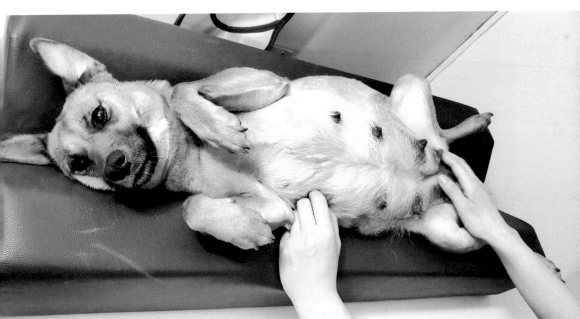

肚子一天天大起來了，但是還是要用這樣的姿勢跟我撒嬌。

產檢是狗媽媽能否順利生產的重要參考

　　雖然不知道雪梨正確的孕期，但按照我的經驗，差不多到了可以做產檢的階段了。產檢的主要目的是要知道：

1. 肚子裡面的寶寶會有幾隻。當然不一定會百分百準確，但假如出現難產的徵兆，我們才會知道到底是生完了還是難產？

2. 肚子裡的寶寶會不會過大？有些狗爸爸很大隻，狗媽媽很小隻，或是營養太好造成寶寶過大，無法順利通過狗媽媽的骨盆，這些都可以先從 X 光上去判斷。

3. 從 X 光片的骨質密度去判斷狗寶寶接近生產的天數。當然這個需要經驗、也關係到 X 光機和片子調整，但從這樣的 X 光片可以判斷得出小狗隨時都可能會生出來。

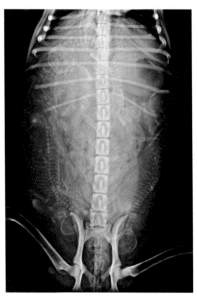 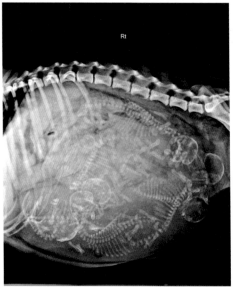

從 X 光片發現雪梨快要臨盆了。

怎麼樣都不會忘記要跟我小三式的撒嬌。

可愛的雪梨寶寶誕生了

拍完 X 光加上量體溫，我們知道了雪梨隨時都可能進入生產。果然在隔天，也就是 2020 年 2 月 4 日這天傍晚，雪梨開始宮縮了。

記得當時在粉絲專頁上開直播，應該有不少朋友就這樣全程目睹著我們幫雪梨接生，每一隻寶寶出生的時候，就會幫他們綁上區別用的彩色緞帶，然後先秤出生時的體重。接下來的幾天，就是每天早晚固定幫他們秤體重，記錄他們的成長變化。成長較慢的就需要人工介入幫助他能多吸一點奶，或是直接以奶粉餵養。

最後，雪梨生了四公三母共七隻小狗，可惜有一隻特別小的小男生，在出生後一小時就因為太虛弱而夭折了；另外還有一隻藍色緞帶的小男生，也是因為體型特別小，需要加倍的照顧才能存活下來。

他們出生這天剛好是氣溫驟降又下雨的一天，我一直想著，如果當初沒有將雪梨帶回家待產，我相信有一半的小狗應該都會夭折。這段期間也很感謝老婆和朋友的幫忙，一切才能不那麼手忙腳亂。

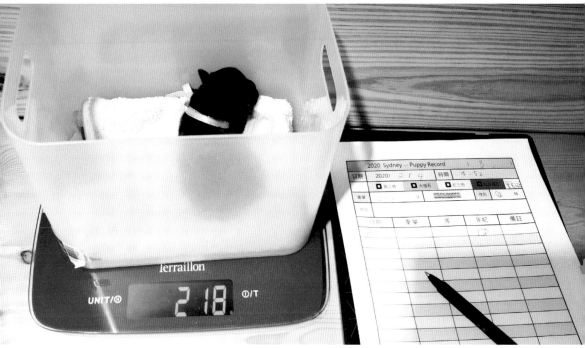

🐾 盡責的雪梨媽媽

雪梨真的是位好媽媽，在照顧小狗的過程中都不需要我擔心，雖然我還是有把床拉到產房旁邊陪睡了好幾個晚上。（相信我！這是個艱苦的工作！）

通常陪睡的時候，我都會戴著眼鏡睡覺，為了半夜能夠隨時張開眼睛就能看到小狗是否都安全；還要數一下數量對不對，因為狗寶寶有可能被毛巾蓋住或是被狗媽媽壓在身體下面。我看雪梨都非常地小心翼翼，所以就可以很放心地睡覺。

雪梨小小年紀就當媽媽，但動物的本能就是這麼的神奇，
天性會告訴她該怎麼做，該做什麼。

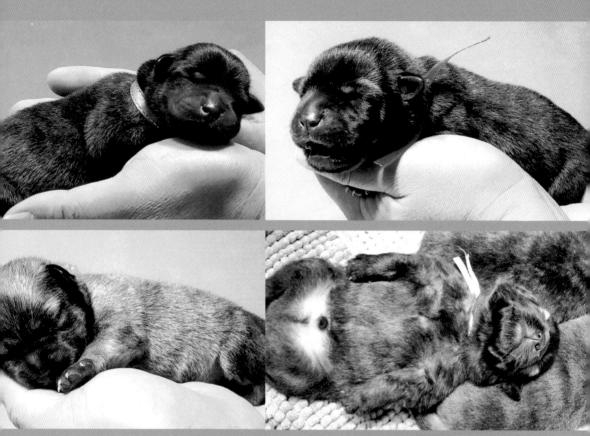

紫色緞帶的是弟弟「虎寶」，桃紅色緞帶是姊姊「虎妞」，
藍色緞帶的是弟弟「Dobi」，粉紅色緞帶是弟弟「黑寶」。

　　虎寶、虎妞他們倆姊弟很幸運地能一起到同一個家生活，領養他們的
爸爸媽媽很認真地在飼養前就請了訓練師到家裡上課：檢查一下環境是否
安全、帶小狗回家的時候要先將小狗安置在哪個地方、大小便訓練的地點
時間等等都有上過課，甚至是小狗的社會化過程。他們先學習了正確的飼
養觀念才接小狗回家，而且還特地到台中上飼前教育的課程。

　　直到現在，我都還常在 Facebook 上看到 Dobi 他們一家人開心幸福
的生活。我真的超欣慰也超感動的。Dobi 是同胎小狗中體型最小的，搶奶
根本搶不過他的哥哥姊姊們，所以我很常主動出手先幫他喬好喝奶位置，
讓他能順利喝奶。

🐾 虎寶、虎妞、Dobi、黑寶、寶寶、Molly： 小狗的訓練與送養

　　小狗很可愛，但是我在上山接雪梨前的那一百個「如果……該怎麼辦」——的浮現了！而最令我擔心的事情就是「送養率」，即便一直在網路上發文、放可愛的照片，但是填寫領養問卷的人數少之又少。我相信這種狀況絕對不是只有我遇到，在台灣，虎斑小狗的送養率不太高；反觀在國外這整胎根本就是極品。有好多外國朋友來信跟我詢問，差點就想將他們送出國了。（但這真的是一件好事嗎？這是個值得大家深思熟慮討論的話題。）

　　不管有沒有找到合適的認養者，對我來說，學習黃金期只要錯過了就是錯過了，所以當他們還在學走路的時候，我就把尿盆放進去讓他們開始利用狗狗的本能（不在睡覺的地方排泄，而是要往遠方去），讓他們能自然而然地習慣便盆這個東西。在往後的日子裡，他們就可以習慣去便盆上廁所，這是因應台灣環境與飼養習慣去做的訓練，讓狗狗用最自然的方式達到人類想要的結果。

　　各種材質的玩具、以及因為這些材質所發出來的聲音，都是讓狗寶寶早點學習社會化、適應這個世界的幫手；除此之外，跟兄弟姊妹還有狗媽媽一起生活，也是很重要的，千萬不要認為他們已經可以自己吃飼料就能斷奶、可以各自前往新家去了。我的作法是會讓他們和媽媽、兄弟姊妹一起生活到 10 周大，這樣對他們來說才會是一個最好的發展。

🐾 上幼稚園囉！學習過團體生活

　　為何要將小狗們留在這裡 10 周才讓他們去新家呢？主要是需要讓他們先上「幼稚園」，所謂的幼稚園指的是群體生活，不只是跟兄弟姊妹相處，還有狗媽媽給他們的教育。

　　就像家裡如果有小寶寶，家人應該都有體驗過小朋友跟你玩的時候不懂得控制力道，會過度大力，或是做出一些不禮貌的動作；此時，爸爸媽媽就會糾正、教導小孩正確的應對互動。

　　狗媽媽們也會這樣做的，而兄弟姊妹的群體生活就如同小孩去上幼稚園以後，你會發現他成長了，比較懂得分享玩具、溝通等。

　　透過群體生活，狗狗可以學習一起吃飯，但是這個必須要在食物充足的情況下才能夠實施，不然會產生護食，如果長期都沒有接受這些體驗，長大後依然可能會出現護食的行為，而這些都是離開兄弟姊妹和媽媽後，就不會再出現的學習機會。

除此之外，我也會讓小狗到草地上熟悉一下不同的觸感，也熟悉一下與媽媽互動、以及和自己體型懸殊的溫柔大狗互動。但是這一切都要是在人類能夠掌握並且有把握的情況下才能夠做唷，千萬不要認為人家的狗可以這樣，自己的也可以；如果嚇到小狗，那可會是他們一輩子的陰影。

雪梨媽媽如果覺得這些小鯊魚們很煩，她有自己專屬的空間躲藏。

學習使用狗門到戶外去玩耍或是上廁所。

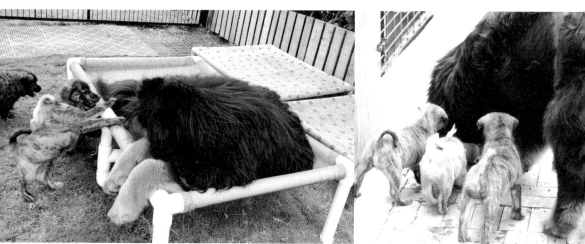

Diesel 很有耐心很溫柔地幫忙看著這群小屁孩。

願所有狗狗都能找到愛他們的家庭

　　對每一隻小狗都有了感情以後，我總是跟自己說一定要幫他們挑選很好的新家，讓他們能夠過著很幸福快樂的日子。

　　我不在乎小狗們的新家是不是一間豪宅、或是主人多麼的富有，很多過往的例子讓我們知道，就算是豪宅的主人，如果他的心態只是想在院子養一隻看門狗，那麼很可能狗狗將來生病了，主人也不見得願意花錢帶狗狗去看醫生。

　　相反的，很多住公寓的新主人對待他們的狗狗就像家人，整天跟狗狗黏在一起、一起看電視，會帶他出門散步好幾次，遇到狗狗需要付費醫療時，也不惜拿出積蓄來醫治他們的「家人」。所以後來我的送養標準，都不在於家中是否有錢，而是你家有沒有這個心要好好的照顧他們。

　　經濟是一個很現實的問題，但是有錢不代表有心，沒錢不代表不會盡全力的照護。

符合領養條件就是適合的領養人？

很多時候，我常常看到領養條件上面會出現「不接受情侶、不接受學生、不接受還沒當兵的男生、不接受外國人。」其實我覺得這些都太過籠統，對於很多有心人是蠻不公平的。當然我不能說這樣是錯誤的，只是我認為可以了解更多以後再來下決定也不遲。

當初我領養 Koby 的時候，既是學生、又是外國人，也就是說我有兩個「NO」的條件；但最後我要離開美國的時候沒有遺棄 Koby，還把他帶回來台灣。再舉個例子，下一篇會出現的浪浪小白臉，她的狗寶寶 Lexi 與 Bear，當初也是送給在台灣的外國人；後來她搬回英國以後，也是一起把狗狗帶回英國。因此，身分條件不能說是判斷的一切。

除了了解每個領養人的狀況很重要之外，還有一件更重要的事情，那就是「追蹤」。

追蹤並不是要你一天到晚去問人家狗狗現在怎麼了？要求拍照片給自己看、或是去人家的家看、又或是不管任何時間打電話「騷擾」人家；在這裡說的追蹤是指保持聯絡。如果哪一天，對方真的無法繼續照顧這隻狗狗的時候，因為有保持聯絡，才有機會讓對方能在第一時間跟我聯繫，不至於隨便把狗狗送給其他人、遺棄，或是送去收容所，而我也會盡全力幫助狗狗尋找另一個適合他的新家。

對我來說，接手一個生命、到他闔眼的那天為止，我的責任都存在著。在這世界上，除了我們能夠幫他尋找一個讓他幸福快樂的家以外，寵物並無法自己出聲決定，因此送養這個行為不單單只是「有人要就送」這麼簡單，我們的每一個決定都是很沉重的，需要為他們的一輩子負責任。

當然，申請認養的人不多，要找到好人家就相對困難；但我還是很堅持一定要是好人家才能夠讓他們從我這裡離開。他們一生的幸福取決於我的決定，所以我馬虎不得。如果我只是要趕快脫手而隨便幫他們找家，那麼這整個過程就毫無意義。如果他們只能被當作綁在門口的看門狗或是戶外放養的狗，我會很心疼。我希望他們也能夠跟我的澳牧一樣可以住在家裡面、睡在家人的床上、躺在沙發上吹冷氣，讓人類陪伴他們短暫的十五年。

　　最後，我非常幸運地挑選到六個家庭，讓六寶們跟雪梨都能夠快樂幸福地過一生。在此，很感謝認養人能夠給他們如此幸福的家，以及無怨無悔地奉獻你們的生活給他們，並且也都幫他們結紮了。

　　那雪梨呢？雪梨被我們的動物醫生領養了！現在與醫生的爸媽過著所謂「阿公阿嬤養的」肥嘟嘟生活。

超有個性的浪浪小白臉

> 你沒看錯，她就是 **"**
> 白底黑臉的小姑娘

　　2005 年剛回國時，某天我在家門口看到一隻白底黑臉的浪浪，被一黃一黑的兩隻公狗糾纏。對！就是照片這隻小可愛，我不懂當時為何我妹就是硬要叫她小白臉。

　　為了想要接近小白臉，我每個晚上都會帶著飼料去找她，有時候她會在 A 地點、有時在 B 地點。因為我已經看過她跟兩隻公狗交配，不忍心讓小白臉在野外生小狗，所以必須要在有限的時間內取得她的信任，才能把她帶回家照顧。

最早遇到小白臉的時候，她正在被鄰居家的老黃狗糾纏。老黃年紀一把了還很兇殘，附近有另一隻是年紀比較輕的黑狗，某天我看到黑狗跛腳，走近一看，哇！竟然被咬到見骨了，可想而知就是老黃的傑作。

我不太確定老黃的實際年齡，但在我出國念書前，他就已經出現在鄰居家了。而年輕的黑狗也不知道是從哪裡跑來的？雖然腳受傷了，但也都還是死守著小白臉。

後來小白臉的發情期一過，黑狗就不知所蹤，老黃也繼續回到鄰居家守門，留下在空地獨自生活的小白臉。

但是小白臉很難接近，我們只能用餵食的方式跟她建立關係，花了整整一個月的時間取得她的信任。某天打開車子後座，騙她上車之後，我把車門關起來，再從另一邊進出車子。

在陪小白臉生小朋友後，
我才慢慢熟悉照顧孕婦的方式。

🐾 無法產檢的小白臉要生小狗了

上車後，我們決定先帶小白臉去動物醫院做檢查，再帶回家安胎；但是因為她太緊張了，所以只能做很基本的檢查，超音波那些也都無法拍，更不用說是 X 光了，根本無法知道她的肚子裡到底會有多少小孩？

2005 年 12 月 30 日那天早上六點，我覺得怪怪的，似乎有個第六感讓我覺得「就是今天」！我立刻清醒了，趕快爬起來看小白臉，果然她正在生小狗。當時的我並沒有任何經驗，也不知道要如何幫助她，只知道她很用力，但小狗就是出不來。

現在回想起來其實是有點小難產，也許是她太年輕、也許是小狗對她來說太大了。以前沒有經驗，總覺得懷孕的狗媽媽就要多補補身體，其實在早期就補充太多營養會造成胎兒過大，反而導致狗媽媽在生產上會有很大的困難和危險。

很幸運地，幾個小時以後，小白臉生了三隻黑母狗，一隻黑公狗，兩隻黃母狗。依照我在美國中途送養的經驗，黑狗超級難送養，所以我很擔心送養的問題；而且我沒有依附在任何協會裡，曝光率也是個問題。

　　後來，我透過幾個網站送養，發現好多人都是對黑色狗狗比較感興趣，真的是超級驚訝的，反而兩隻黃色女生都乏人問津！更驚訝的是黑色公狗竟然超搶手！

出乎意料，小黑狗超級搶手啊！

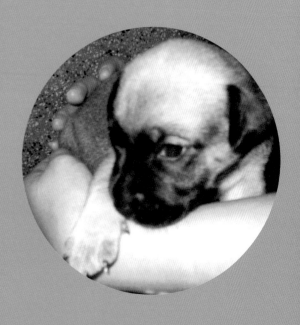

> 右列上下照片是同一隻黃
> 色的女生,當初這隻女生
> 很會叫,叫到我們都快崩
> 潰也沒有人想要帶她回
> 家……現在回想起來,真
> 的是一段很哭笑不得的經
> 歷。

幫狗寶寶們找到適合的家

　　最後，小白臉的寶寶們都順利找到了屬於自己的家。深黃色的女生和其中一隻黑色女生被外國人領養了，記得當時，主人搭著火車從台北到台中來看這一整胎小狗，挑選了兩隻以後，她就搭著火車回台北了。等小狗兩個月大可以離開媽媽的時候，她才又請朋友開車來接兩隻小狗回家。

　　幾年後，這位英國人搬回英國，也一起把她們倆帶回去。兩位女孩也一起參與媽媽的婚禮，經歷了家中添增人類新成員、一起伴隨著他們的小孩成長。我相信這對他們的孩子來說也是一個意義非凡的紀念。同時讓小孩及媽媽心中永遠存在著「台灣」，因為他們的 amazing girls 是來自台灣。

　　兩位女孩終其一生都健健康康，但生命終究會有分開的時候，她們分別於 2019 年與 2020 年離世。

In Memory of Bear & Lexi.

每次看到她們倆的照片就會讓我想起她們的爸爸。黃色狗狗就跟鄰居的老黃狗長得一模一樣；小黑狗就跟她的小黑爸爸長得一模一樣。

他們在國外生活的模樣！最喜歡媽媽了！

Chapter Four

再見，我最棒的毛小孩們

送走親愛的寶貝

與寵物說再見 ,,

　　一定很多人有疑惑，為什麼一篇文章也能獨立成一個章節？但這個主題真的非常重要，值得特別寫一篇與大家聊聊。

　　無論是朋友還是粉絲，我很常被問的一個問題，便是如何「與寵物說再見」與「後事處理」。飼養了這麼多寵物，面對過不少生死，我想可以分享自己的經驗給未曾經歷過的讀者，畢竟這條路每個人遲早都會走到，如果能夠事先了解，可以避免一些未來也許讓你遺憾的事。

　　2003 年，我還在美國念書，從小學五年級就開始養的寶貝過世了。當時我媽幫忙處理了他的後事，選擇以土葬的方式安葬。時間過這麼久了，其實我們都不知道當初他被安葬在哪裡？更不用說除了照片以外沒有其他可以留念的遺物。有了這次的經驗以後，我下定決心未來一定要採取火化，並且將牠帶回家與我們繼續生活在一起。

🐾 Cedar 離開！讓我對寵物樂園更講究

　　2011 年，Cedar 過世的時候，我們請認識的動物醫院介紹了一間寵物樂園，這是附有專門火化動物焚化爐的公司。我們親自帶著 Cedar 到這個焚化爐的時候，我哭到泣不成聲，主要是焚化爐

的環境真的很差，爐子的位置在寵物樂園的角落，要到火爐的路上必須走過一條小巷子，雜草叢生又髒亂，看到爐子的時候我就爆哭了。這個爐子用鐵皮加紅磚搭建，整體感覺真的好差，就像在焚燒垃圾一樣，一點尊嚴都沒有。我超級難過 Cedar 的最後一刻竟然要在這樣的地方結束，一直到現在，我始終充滿了遺憾。

之後，又透過動物醫院找到一家距離我家頗遠的火化寵物樂園，但是環境與整體氛圍讓我們感到寶貝有受到重視，至少在最後一哩路可以有尊嚴的離開。這家寵物樂園在我們送已過世寶貝過去的時候，會撐著黑傘來迎接，並喊著寶貝的名字下車……也就是遵照一般的民間習俗，但讓已經很難過的我們，至少感受到我們的寶貝也是有受到重視。

他們也會依照我們的宗教信仰選擇不同的儀式，我是基督徒，沒有選

送走 Cedar 的經驗讓我非常難過，所以之後我都很重視送牠們離開的過程。
照片是 Koby 跟 Cedar，也是從送走牠們開始，每年每年我都學著在面對這件事。

擇佛教的方式到靈堂去拿香拜拜，因此他們會給我們一些時間，再跟寶貝說說話……畢竟等一下再看到的時候就不是這熟悉的模樣了。最後要推進去爐子裡時，也會請主人也一起推，代表著送祂們最後一程。

不過，這個步驟我沒有一次能夠辦到，要喊「火來了，快跑」時我也喊不出來。我腦袋只能想著這是最後一次看到我的寶貝完整的模樣，等一下出來就不是這樣了。如果你沒有經歷這樣的過程，也許無法體會這是一個什麼樣的感受。

寵物樂園的火化流程若較為重視、尊重寵物，也會減緩傷痛的心情。

老婆與當時重病的 Chantel。

🐾 不要投胎，大家以後還要在天堂相聚

每一次飼養寵物的時候，我都知道總有一天就是要面對這個結局。但我都告訴自己，他帶來了十幾年的快樂，最後我為他難過是應該的，也是值得的。雖然會非常痛苦、突然間落淚、哭到頭痛、也會心跳加速，感覺胸悶，但我覺得這些經過都是代表著我對牠們的愛；如果牠走了，而你不會感到難過，那牠對你真的重要嗎？

但是，我也得強調，每個人的情緒表現是不一樣的，所以也不能因為這個人都沒有哭，就表示他不愛他的寵物。

我深信我們的寵物走了以後，就是到天堂去生活等著我們，或者都還在我們身邊。我一直不肯相信牠們去投胎了，對我而言，無論是投胎當人、或是投胎當其他生物，我都還是會有疑慮：到底牠們現在有沒有投胎到好人家？如果我看到受虐動物，我會想，他們也是投胎來的，那我的寶貝命運會不會也如此？而且我還會想的是：如果投胎了，表示我們未來再也見不到彼此了。我希望哪一天我也上天堂以後，我們能夠再度重聚。

火化過後，我們會把骨灰帶回家，也會選擇不要磨成粉，因為之後我們會將骨灰放在透明密封罐裡，每當日後想念牠們，還是會拿起來看一看。儘管聽起來有點變態……但這是因為當初雖然有帶 Cedar 的骨灰回來，但是密封在骨灰罈裡，什麼都看不到。所以之後離開的寶貝們，我們都是用透明的罐子裝，當度過超級難過的時期後、想念牠們時，就能拿起來看一下。看到關節處、或看到頭蓋骨，就常常會想到當初摸牠們的那種感覺。雖然還是會難過，但我都告訴自己，牠們只是去天堂等我們而已，也許牠們就在我身旁，只是我看不到。

🐾 不放棄跟長輩溝通你最喜歡的喪葬方式

把骨灰帶回家這件事情，我相信會有很多長輩不允許或是抗議。我爸媽已經是很現代、很開明的父母了，但即便這樣，一開始我媽也覺得「這樣好嗎？」後來我跟媽媽說：「牠們都是我們的家人，但牠們無法一直保留著軀體，所以我希望牠們的骨頭能夠跟著我們回家，就像牠們還是留在我們家一樣。畢竟寵物樂園的環境再怎麼好，始終都是一個陌生的地方。」後來，我媽也就同意了這件事。

可能聽起來很感傷，但從 2016 年開始，每年我們家都會有毛小孩過世⋯⋯一直到 2021 年，我們家的杜賓犬 Haagen 生了重病，我媽突然傳了一個訊息給我：「兒子，雖然知道跟你說不要把狗狗的骨灰帶回家，你可能會不高興，但是最近狗狗的健康狀況不是很好，是不是考慮不要把骨灰留在家裡，可以安置在塔位，媽媽幫你出錢，你考慮看看。」

「這些年狗狗們的年紀都老了，自然會出現很多疾病，甚至離我們而去，都算是我們預期中的事情。但妳的提議我會認真地考慮。」以前的我，會很生氣地跟我媽說不要迷信，這跟這些都無關；但這次我沒有，我認為媽媽的出發點也是為了我們家的狗狗、為了我們的心靈著想，而且媽媽用「你考慮看看」來與我溝通，我應該要好好地跟媽媽討論，就先不要強烈地反駁她。

2022 年初開始，Haagen 的狀況時好時壞；三月，Keyon 突然過世讓我們措手不及。我媽又傳了一次訊息給我：「兒子，媽媽知道你很難過，要節哀。雖然狗狗都是你在養的，我對他們也是有感情的，我也跟你一樣非常難過。我上次有跟你提過骨灰的事，你要不要考慮看看放在靈骨塔，錢媽媽出，我希望你的狗狗健健康康。」（回顧這段話的時候我真的又回到當時的心情。）雖然我還是回媽媽說我會考慮，但我根本不忍心，而且我怕我會有遺憾。

火化 Keyon 的那天，我們在去火化場的路上，我跟老婆提了這件事，

最後我們決定還是按照原本的計畫，一樣把 Keyon 帶回家。雖然沒有正面跟媽媽講這件事，但我相信媽媽大概也知道她兒子會怎麼做。

2022 年的前半年，對我們來說是個非常悲傷的時期，3 月 19 日 Keyon 過世，6 月 25 日 Haagen 過世，7 月 1 日 Mardi 過世，7 月 25 日貓咪「膽小鬼」過世，7 月 27 日 Vila 過世，9 月 30 日 Diego 過世。我想我媽媽應該知道我們又把祂們的骨灰都帶回家了，只是不想再提起這個話題吧，Sorry 啦老媽。

🐾 每種喪葬方式都是好方式

常常會有人問我，為何不考慮花葬或是樹葬呢？我說樹葬的話，如果哪天我們搬家了，我要如何把樹挖走（因為很多棵）？如果是花葬的話，萬一花榭了，我可能會再度難過，會覺得祂們又死一次了。當然我屬於想很多的類型，但就是因為如此，所以我沒有辦法選擇其他喪葬方式。

這是我的例子，我也相信每個人都有自己的想法，大家只要找到讓自己最能想念寵物、也最舒服的方式就好，不用特別拘泥於觀感。

飼養寵物最困難的絕對是這條路，而這又是一條必經的路。所以飼養之前就需要做好這樣的心理準備。雖然說得容易，但只能一直這樣告訴自己：可以難過、但絕對不能讓自己陷入走不出來的悲傷而影響生活，影響家人。寶貝們過世後就是過著無病痛的生活、沒有軀體的束縛，可以自由自在。也許祂們依然在我們的身邊，只是我們看不到、感受不到而已；我相信祂們也不希望我們走不出悲傷。

如同祂們在世時，安慰著難過的我們；我相信你的寵物，也希望你繼續過著正常的日子。

我們會留下完整的骨頭，想念牠們時，就看著骨灰、摸摸牠們。
雖然知道家中長輩會在意，但我們更希望能生活在一起。

後記　德叔的快問快答

德叔寫完這本書的內文後，一直遲遲沒有動筆寫後記。某天我們跟德叔詢問交稿進度，結果德叔苦笑：「還要繼續寫太痛苦了，沒有別的寫稿方式嗎？」於是，大家決定用玩快問快答的方式跟德叔一起完成。請各位跟我們一起觀看這篇充滿歡笑的後記吧！

Q：園內目前共有幾隻動物？

哇塞，不知道耶，這個問題要先扣掉鳥、再扣掉魚，他們自己繁衍也不會通知我（？）……已經沒辦法數了！總之，扣掉大家族們，應該是五十隻左右吧。

Q：從養了第幾隻動物開始，發現自己朝聯合國邁進，完全停不下來？

應該是從養了 Chantel 之後，發現我有這個「癮頭」……畢竟三隻了嘛，三跟三十隻有什麼區別呢？（笑）

Q：最常黏著德叔的動物是誰？

目前是 Chester 跟 Carly。

Q：那最常黏著太太的是誰？

Grady 跟 Tristan。（竟然不一樣？！）

Q：園內最老的長輩？

咪咪，是 20 歲的米克斯貓。

Q：最年輕的新成員？

小人國，人如其名。

Q：最大牌的動物？

書中有寫，「大牌山羊歐蜜瑪」，真的就她最大牌。（淚目）

Q：有沒有忘記過寵物的名字？

有耶，我有一隻柯爾鴨，我真的一時失憶想不起來，還問朋友說：「他
到底叫什麼名字？」（朋友表示：……）

Q：這麼多成員，英文名字的來源是哪？

看電視的時候，見到喜歡的名字就記下來，所以有一份名單可以參考。
怎麼樣，想不到吧，不是翻字典的唷。

Q：還沒有曝光過的動物有什麼？

沒有耶，都曝光過了。

Q：性格最中二的是誰？

Summer，很像國小男生。就是你班上那種很想跟人玩、但用錯方法，
然後沒朋友的那種。

Q：最沒粉絲的是誰？

烏龜吧（哭），除了 Jumbo 之外，大家都沒反應耶。

Q：每天醒來最煩惱什麼事？

沒錢啊……唉。

（以下開放抖內，帳號是 013-7802-539567，（大家不要當真！）

Q：最不想做的事情是什麼？

上班……不是啦，清便便，真的好多唷！

Q：為了聯合國，最希望增加的是？

錢好了，有錢好辦事……欸大家會不會覺得我很愛財？

Q：平均每天花多少時間打理聯合國？

從醒著到睡著。（哭）

Q：所以是幾點起床，然後幾點睡覺？

我大概五點半就會被叫醒，因為太早起了，大概九點多就要去睡囉。

Q：印象最深刻的粉絲互動？

很久以前有人要求跟我的狗握手，我拒絕：「但他不喜歡人家跟他握手。」
對方回答：「為什麼？握手是友好的表現啊！」「但狗的友善是聞對方的
味道，那你跟他一起聞屁屁好了！」

Q：有在計算每個月花費多少嗎？

很可怕，不要問……而且我們也是很省吃儉用才有辦法啦。（再度淚目）

Q：最希望旗下哪隻動物能夠業配賺錢（自己的飼料自己賺）？

每一個都要，拜託！真的好愛錢唷這個人。（自嘲）

Q：寵物聯合國最紅的動物是誰？
現在是 Carly……Cooper 已經沒落了。

（為曾經的百萬網紅掬一把同情的眼淚。）

Q：如果再讓德叔挑戰不同物種，最想養什麼？

沒有了耶，接下來想養笑笑羊，但羊這個物種已經有養過了。

Q：如果能對動物說話，希望跟他們講什麼？

「卡乖咧～」（立刻轉頭對狗狗們說。）

Q：寫完這本書的心得感想？

「呼～～～～～～～～（句點）」

Q：覺得書中傳達最重要的事？

每個個體都有不同的性格，就跟每個人類的個性與在意點都不一樣。希望大家可以找到它們，跟自己家的寵物好好相處唷。

Q：家中寵物那麼多，你的愛怎麼分配？

我就是個濫情的人！（坦然）

Q：承上題，所以分給太太的時間足夠嗎？

咳嗽。（德叔已離線。）

catch 290

德叔寵物聯合國
那些被動物追著跑的日子

作　　　者／德瑞克

內 頁 插 畫／黃永鑫

責 任 編 輯／陳怡慈、江文萱

美 術 設 計／FE設計

封 面 攝 影／劉智豪影像工作室

出　　　版／大塊文化出版股份有限公司

地　　　址／台北市105022南京東路四段25號11樓

電 子 信 箱／www.locuspublishing.com

服 務 專 線／0800-006-689

電　　　話／（02）8712-3898

傳　　　真／（02）8712-3897

郵 撥 帳 號／1895-5675

戶　　　名／大塊文化出版股份有限公司

法 律 顧 問／董安丹律師、顧慕堯律師

版權所有 翻印必究（缺頁或破損的書，請寄回更換）

總 　 經 　 銷／大和書報圖書股份有限公司

地　　　址／新北市新莊區五工五路2號

電　　　話／（02）8990-2588 傳真：（02）22901658

製　　　版／瑞豐實業股份有限公司

初 版 一 刷／2022年11月

定　　　價／新台幣520元

I S B N／978-626-7206-12-6

All rights reserved. Printed in Taiwan.

德叔寵物聯合國 / 德瑞克著. -- 初版. -- 臺北市：
大塊文化出版股份有限公司, 2022.11
面；　公分
ISBN 978-626-7206-12-6(平裝)

1.CST: 寵物飼養

437.3　　　　　　　　　　　　111014763

LOCUS

LOCUS

LOCUS

LOCUS